Theo B. Pagel und Brian Batstone

111 Dinge über Elefanten, die man wissen muss

111

emons:

Unser Dank gilt unseren lieben Gattinnen und Familien für ihre jahrzehntelange Unterstützung bei unserer Arbeit und ihr Verständnis für unseren Beruf sowie dem Emons Verlag für die Umsetzung dieses Werkes.

Bibliografische Information der Deutschen Nationalbibliothek
Die Deutsche Nationalbibliothek verzeichnet diese Publikation in der Deutschen Nationalbibliografie; detaillierte bibliografische Daten sind im Internet über http://dnb.d-nb.de abrufbar.

Lizenziert durch die WDR mediagroup GmbH
Redaktionsleitung ARD Morgenmagazin: Westdeutscher Rundfunk Köln (WDR)
Layout: Eva Kraskes, nach einem Konzept von Lübbeke | Naumann | Thoben
Kartografie: altancicek.design, www.altancicek.de
Kartenbasisinformationen aus Openstreetmap,
© OpenStreetMap-Mitwirkende, ODbL
Druck und Bindung: Lensing Druck GmbH & Co. KG, Feldbachacker 16, 44149 Dortmund
Printed in Germany 2018
ISBN 978-3-7408-0349-0
Originalausgabe

Vorwort

Elefanten gehören zu den charismatischsten Tieren. Sie sind die größten Landtiere der Erde und mit den Menschen durch eine jahrhundertelange Tradition der Elefantenhaltung verbunden. Mit diesem Buch wollen wir diese wunderbaren Geschöpfe in das Bewusstsein möglichst vieler bringen, stehen Elefanten doch durch illegale Jagd und Lebensraumschwund am Rande des Aussterbens, ein Vorgang, den nur wir Menschen stoppen können, nein *müssen*!

Viele Menschen wissen nur wenig über die grauen Riesen. Entdecken Sie ihre großen und kleinen Geheimnisse, vom Elefantengott Ganesha bis hin zur Kommunikation mittels Infraschall. Dieses Buch zeigt die unterschiedlichsten Facetten von Elefanten auf und stellt zudem die Verwandtschaft von Moma vor, dem kleinen Elefantenbullen des Kölner Zoos, dessen Pate das ARD-Morgenmagazin ist.

Wir haben beide in den verschiedensten Funktionen mit und für den Erhalt der Elefanten gearbeitet und wollen Sie, liebe Leser, an der Faszination Elefant teilhaben lassen. Verzeihen Sie uns, wenn wir immer wieder einmal Bezug nehmen auf die Elefanten des Kölner Zoos, aber diese kennen wir eben persönlich und am besten.

Unser großer Wunsch ist es, dass es uns gelingt, zum Erhalt dieser einmaligen Tiere beizutragen.

Wir wünschen Ihnen viel Freude bei der Lektüre der 111 kleinen Geschichten über Elefanten.

Prof. Theo B. Pagel
Brian Batstone

111 Dinge über Elefanten

1 Elefant ist nicht gleich Elefant
Über die Systematik der Elefanten | 10

2 Afrikanische Elefanten
Große Ohren und starke Stoßzähne | 12

3 Asiatische Elefanten
Die mit den kleinen Ohren | 14

4 Kreuzung kaum möglich
Ein Hybridkalb im Chester Zoo | 16

5 Seltsame Verwandte
Von Seekühen und Elefanten | 18

6 Was sind Dickhäuter?
Elefant, Flusspferd, Nashorn, Tapir | 20

7 Das Skelett der Elefanten
Das wäre was für Waldi | 22

8 Ein Rüssel ist kein Strohhalm
Das Universalwerkzeug der Elefanten | 24

9 Können Elefanten tauchen?
Es geht sogar ohne Schnorchel | 26

10 Heiß begehrt
Todbringende Zähne | 28

11 Wieso haben wir das nicht?
Die Dritten immer dabei | 30

12 So alt wird doch kein Schwein
Lebenserwartung von Elefanten | 32

13 Wie leben Elefanten?
Hier hat die Frau das Sagen | 34

14 Blind wie ein Fisch?
Sehsinn der Elefanten | 36

15 Geruchssinn der Elefanten
Reife Früchte am Geruch erkennen | 38

16 Die Geheimsprache der Elefanten
Wie verständigen Elefanten sich eigentlich? | 40

17 Leben auf großem Fuß
Zehenspitzengänger – Ballerina | 42

18 Die großen Ohren
Können Elefanten schwitzen? | 44

19 Die sehen doch alle gleich aus
Kann man Elefanten unterscheiden? | 46

20 Optischer Unterschied zwischen Kühen und Bullen?
Geschlechtsdimorphismus | 48

21 Gibt es weiße Elefanten?
Pigmentierung und Fake | 50

22 Mit Hannibal über die Alpen
Können Elefanten bergsteigen? | 52

23 Janz jeck
Die Musth bei Elefanten | 54

24 Immer nur Essen
Was und wie viel frisst ein Elefant? | 56

25 Blank wie ein Kinderpopo?
Elefanten sind nicht nackt | 58

26 Wellness
Wie sich Elefanten pflegen | 60

27 Über Elefantenfriedhöfe
Alle sterben an der gleichen Stelle? | 62

28 Guinnessbuch der Rekorde
Extreme | 64

29 Was wiegt ein Elefant?
Schwergewicht unter den Landsäugern | 66

30 Die vergessen nie
Elefantengedächtnis | 68

31 Angst vor Mäusen
Haben Elefanten wirklich eine Mausphobie? | 70

32 Geschickte Handwerker
Über Werkzeuggebrauch | 72

33 Vor niemandem Angst
Haben Elefanten natürliche Feinde? | 74

34 Elefanten in Deutschland
Elefantenpopulation | 76

35 Es darf gelacht werden
Haben Elefanten Gemütsschwankungen? | 78

36 Trauer
Sind Elefanten traurig, wenn ein Artgenosse stirbt? | 80

37 Leben und leben lassen
Das Problem des Zusammenlebens | 82

38 In 20 Jahren verschwunden
Elefanten sind stark bedroht | 84

39 Nachhaltig – geht das?
Elefantenjagd | 86

40 Wir müssen sie retten
Elefantenschutzprojekte | 88

41 Forschung für den Artenschutz
Sri-Lanka-Projekte Köln | 90

42 Die Anfänge der Elefantenhaltung in Europa
Das alte Elefantenhaus im Kölner Zoo als Beispiel | 92

43 Zeitgemäße Elefantenhaltung
Der Elefantenpark im Kölner Zoo | 94

44 Wer war Abul Abbas?
Ein berühmter Elefant | 96

45 Hanno
Der Elefant des Papstes | 98

46 Marlar, Moma & Co
Geschichte der Elefantenhaltung im Kölner Zoo | 100

47 Ein malender Elefant?
Tanga aus dem Kölner Zoo | 102

48 Der größte Bulle Europas
Bindu | 104

49 Ne jecke Elefant?
Jung Bul Kne | 106

50 Junge Mütter
Maha Kumari, die Mutter von Jung Bul Kne | 108

51 Die Matriarchin
Kreeblamduan | 110

52 Premiere im Kölner Zoo
Marlar | 112

53 Ne kölsche Jung
Ming Jung | 114

54 Moma us Kölle
Das Patenkind des ARD-Morgenmagazins | 116

55 Junge Bullen
Er mag sie alle | 118

56 Sorgenkind aus Sri Lanka
Namal | 120

57 Sie sind einfach populär
Elefanten in Kinofilmen, Comics und im Logo | 122

58 Wie hält man Elefanten?
Haltungssysteme in Menschenhand | 124

59 Hands off
Nicht am Tier, kaum Kontrolle | 126

60 Full contact
Klassische Haltung | 128

61 Protected contact
Immer ein Gitter dazwischen | 130

62 Was ist ein Mahut?
Elefantenpfleger im Ursprungsland | 132

63 Gewusst wo
Trigger points | 134

64 Elefantenpediküre
Nagel- bis Zahnpflege | 136

65 TAGs und EEPs
Professionelle Tierhaltung in europäischen Zoos | 138

66 Gezieltes Management
Wie züchtet man Elefanten? | 140

67 Die Kümmerer
Elefantentanten | 142

68 Elefantentransport
Wie kommt der Elefant in den Zoo? | 144

69 Zickenkrieg
Zusammenführung verschiedener Gruppen | 146

70 Pischi Pischi
Schwangerschaftstest für Elefanten? | 148

71 Alles etwas größer
Elefantenhochzeit | 150

72 Fast zwei Jahre
Längste Tragzeit im Tierreich | 152

73 Künstliche Befruchtung
Was tun, wenn ein Elefant nicht trächtig wird? | 154

74 Wie wird man Elefantenpfleger?
Ausbildung zum Zootierpfleger | 156

75 Behavioural Enrichment
Beschäftigung von Elefanten im Zoo | 158

76 Wieso, weshalb, warum?
Elefantenforschung | 160

77 So ein Scheiß
Wie entsorgt man im Zoo Elefantendung? | 162

78 Khedda
Das Einfangen wilder Elefanten | 164

79 Was ist ein Ankus?
Der Elefantenhaken | 166

80 Elefanten im Sport
Fußball, Polo, Laufen | 168

81 On the road
Elefanten unterwegs | 170

82 Hoch hinaus
Ein Elefant in der Schwebebahn | 172

83 Hochwasser im Zoo
Geschichte aus Köln | 174

84 Pocken, Herpes & Co
Nicht gefeit gegen Krankheiten | 176

85 Elefant im Porzellanladen
Das Sprichwort | 178

86 Der Elefantendoktor
Dr. Vijitha Perera | 180

87 Samenverbreitung
Warum kotet der Elefant ins Wasser? | 182

88 Schnarchen Elefanten?
Rüssel- und Mundatmung | 184

89 Elefantenkot
Was man alles mit Mist machen kann | 186

90 Der Elefant in der Kultur
Wie die Elefanten ihre Flügel verloren | 188

91 Ganesha
Der Elefantengott | 190

92 Einsatz im Krieg
Armee-Elefanten | 192

93 Arbeitslosigkeit droht
Arbeitselefanten | 194

94 Langeweile oder Ehre
Tempelelefanten | 196

95 Perahera – schon mal gehört?
Prozession in Kandy | 198

96 Heilige Rüsseltiere
Der Elefant in der Religion | 200

97 Kasten
Elefanten-Hierarchie | 202

98 Kandula
Der Elefant des Königs | 204

99 Dresscode
Ceremonial | 206

100 Elefanten im Altersheim
Mrs. Samarasinghe | 208

101 Lehrer der Mahuts
Mr. K.D. Sumanabanda | 210

102 Elefantenschule
Trainingscamp für Tierpfleger | 212

103 Auf den Andamanen
Langstreckenschwimmer | 214

104 Wüstenelefanten
Außergewöhnlicher Lebensraum | 216

105 Elefantenrüsselfisch & Co
Tiere, die nach Elefanten benannt sind | 218

106 Man fällt recht hart
Elefantengeburt | 220

107 Selbstheilung
Pflanzen als Heilmittel | 222

108 Vorteil für andere
Teilsymbiose | 224

109 Elefantenkälber
Zwei Geschlechter – zwei verschiedene Leben | 226

110 Können Elefanten rennen?
Fortbewegung der Elefanten | 228

111 Der Dichter und der Elefant
Der Goethe-Elefant | 230

1 Elefant ist nicht gleich Elefant

Über die Systematik der Elefanten

Elefanten sind die größten rezenten, also noch lebenden Landtiere auf unserem Planeten. Bereits bei der Geburt wiegen die Jungen in der Regel zwischen 80 bis 120 Kilogramm! Erwachsene Elefantenbullen können über fünf Tonnen schwer werden, wobei Afrikanische Elefanten schwerer sind als Asiatische.

Der Name Elefant stammt vom Altgriechischen »eléphās«. Die Elefanten bilden innerhalb der Säugetiere eine eigene Familie, die in der Ordnung der Rüsseltiere (Proboscidea) wissenschaftlich als Elephantidae bezeichnet wird.

Von den mehr als 175 bekannten Arten der Rüsseltiere leben heute nur noch zwei Gattungen. Die afrikanischen Vertreter gehören zu den *Loxodonta*. Hier unterscheidet man den Afrikanischen Elefanten (*Loxodonta africana*) vom kleineren Waldelefanten (*Loxodonta cyclotis*). Früher gab es einige Systematiker, die eine weitere Art, den Zwergelefanten (*Loxodonta pumilio*), anerkannten. Die Mehrheit der Fachleute sieht das heute aber anders.

In Asien leben Vertreter der Gattung *Elephas*. Der Asiatische Elefant (*Elephas maximus*) unterscheidet sich deutlich von seinen afrikanischen Vettern. Die beiden Gattungen stehen einander systematisch gesehen nicht näher als zum Beispiel dem Mammut.

Heute gehen wir davon aus, dass sich *Loxodonta* und *Elephas* vor dreieinhalb bis fünf Millionen Jahren (maximal vor sieben Millionen Jahren) voneinander abgetrennt haben. Noch vor 100.000 Jahren gab es Vertreter beider Gattungen in Afrika. Die den *Elephas* zugehörigen Arten verschwanden bis vor rund 10.000 Jahren ganz vom Schwarzen Kontinent. Ihre Vertreter wanderten nach Asien. Die Gattung *Loxodonta* hingegen blieb in Afrika. Einst bevölkerten diese grauen Riesen fast den gesamten Kontinent, heute finden sich nur noch Teilpopulationen südlich der Sahara.

2 Afrikanische Elefanten

Große Ohren und starke Stoßzähne

Vom Afrikanischen Elefanten der Gattung *Loxodonta* kennen wir heute noch zwei Arten, zum einen den afrikanischen Savannenelefanten, *Loxodonta africana*, und den afrikanischen Waldelefanten, *Loxodonta cyclotis*. Ersterer lebt südlich der Sahara, auch wenn die Populationen nur noch in fragmentierten Bereichen der offenen Savannen zu finden sind. Der Waldelefant bewohnt, der Name lässt es bereits vermuten, die Wälder des westlichen Zentralafrikas im Kongobecken.

Die Arten unterscheiden sich in der Größe. Die Kopf-Rumpf-Länge der Savannenvertreter liegt bei 600 bis 750 Zentimetern, die Schulterhöhe bei Kühen durchschnittlich bei 280 Zentimetern und bei Bullen bei 320, maximal 400 Zentimetern. Das Gewicht wird für Elefantenkühe mit 2.800, maximal 4.600 Kilogramm und für Bullen mit 6.000, maximal 10.000 Kilogramm angegeben. Die Waldelefanten hingegen sind mit 160 bis 286 Zentimeter Schulterhöhe bei Bullen und 160 bis 240 Zentimetern bei den Kühen deutlich kleiner. Das Gewicht variiert zwischen 2.800 und 6.000 Kilogramm bei erwachsenen Tieren.

Ein Unterschied zum Asiatischen Elefanten sind die deutlich größeren Ohren. Zudem haben die Loxodonten an den Vorderfüßen meist vier und an den Hinterfüßen meist drei Zehen, wohingegen Asiatische Elefanten vorn fünf Zehen und hinten vier Zehen besitzen. Markant ist auch der unterschiedliche Rückenverlauf. Das Rückgrat Afrikanischer Elefanten ist nach unten gewölbt, also ein Sattelrücken, wohingegen die »Asiaten« einen runden Buckelrücken haben. Zum anderen besitzen die »Afrikaner« am Rüsselende zwei sogenannte »Finger«, Verlängerungen des Rüssels, mit denen sie exzellent greifen können. Asiatische Elefanten haben nur einen »Finger«.

Bei den Afrikanischen Elefanten tragen auch die Kühe zumeist Stoßzähne, bei den Bullen können diese bis zu 350 Zentimeter lang werden.

3 Asiatische Elefanten

Die mit den kleinen Ohren

Von den Asiatischen Elefanten kennen wir heute nur eine Art, *Elephas maximus*. Sie wird aktuell in drei Unterarten aufgeteilt. Die sogenannte Nominatform *Elephas maximus maximus* stammt von Sri Lanka. *Elephas maximus indicus* finden wir in Indien, Nepal, Bhutan, Bangladesch, Südchina, Myanmar, Laos, Kambodscha, Vietnam, Thailand und Malaysia. Der Sumatraelefant, *Elephas maximus sumatranus*, lebt auf Sumatra und Nordost-Borneo. Letztere Unterart besitzt 20, die erstgenannten 19 Rippenpaare.

Die Kopf-Rumpf-Länge des Asiatischen Elefanten wird mit 550 bis 640 Zentimeter angegeben. Die Schulterhöhe liegt bei Bullen bei etwa 270, maximal 340 Zentimetern und bei 240, maximal gut 250 Zentimetern bei Elefantenkühen, die rund 2.700 bis 4.160 Kilogramm wiegen können. Bullen bringen es auf 3.600, maximal 6.000 Kilogramm. Die Inselelefanten sind in der Regel im unteren Bereich der Messwerte zu finden.

Die männlichen Asiatischen Elefanten tragen fast immer Stoßzähne, die weiblichen Tiere haben entweder keine oder deutlich kleinere. Gelegentlich brechen die Stoßzähne oder Teilstücke davon beim Graben oder anderen Tätigkeiten ab. Dies kann in einem zoologischen Garten genauso passieren wie im Freiland.

Asiatische Elefanten unterscheiden sich deutlich von ihren afrikanischen Verwandten, als Generalisten bewohnen sie verschiedenste Habitate. Sie fühlen sich im Grasland oder in trockenen Dornwäldern bis hin zu Regenwäldern zu Hause. Aber auch in der Kulturlandschaft sind sie zu finden, vornehmlich wegen des zunehmenden Schrumpfens ihres Lebensraums und aufgrund des guten Futterangebotes, welches dort herrscht. Asiatische Elefanten kommen in Höhen von bis zu 3.000 Metern vor. Es ist wirklich beeindruckend, mit welchem Geschick diese schweren Tiere selbst steile Hänge sowohl bergauf als auch bergab meistern. Fast 20 Stunden am Tage verbringen die Dickhäuter mit der Nahrungssuche.

4 Kreuzung kaum möglich

Ein Hybridkalb im Chester Zoo

Da die Habitate der Afrikanischen und Asiatischen Elefanten keine Überschneidung haben, sind Vermischungen unter den beiden Gattungen in der Natur ausgeschlossen. Anders sieht dies in Menschenhand aus. Hier gab es in der Tat einen bekannten Mischling, einen Hybriden. Es handelte sich um ein männliches Jungtier namens Motty. Bisher sind keine anderen Hybriden bekannt.

Im Zoo von Chester, in Großbritannien, wurden beide Elefantenarten, wie in anderen Zoos früher auch, zusammen gehalten. Sie verstehen sich meist gut, sodass es zu keinerlei Problemen kommt. Heute wird dies abgelehnt, um Krankheitsübertragungen sowie eine ungewollte Verpaarung zu vermeiden.

Mottys Mutter, die asiatische Elefantenkuh Sheba, lebte seit 1965 im Zoo von Chester. Sie erlitt 1974 eine Totgeburt. Vater war der asiatische Elefantenbulle Nobby. Drei Jahre später war sie erneut trächtig, dieses Mal durch den afrikanischen Bullen Jumbolino. Zuvor hatte man in Chester mehrere Paarungen zwischen Sheba und Jumbolino beobachtet, doch hatte niemand mit einer Trächtigkeit gerechnet, handelte es sich doch um zwei unterschiedliche Gattungen. Das am 11. Juli 1978 um 9.20 Uhr geborene Hybridkalb Motty wurde nur zehn Tage alt. Es musste anfänglich zugefüttert werden. Das Junge war recht klein, sodass man eine Frühgeburt vermutete. Leider bekam Motty am 18. Juli eine Mageninfektion, die mit Antibiotika behandelt wurde. Die Maßnahme schien erfolgreich zu verlaufen, doch am Morgen des 21. Juli fand man Motty bereits im Koma liegend. Das Junge verstarb, obwohl die Fachleute mit Herzstimulation und künstlicher Beatmung alles daransetzten, es zu retten.

In der Tat wies Motty Merkmale beider Arten auf, so waren die Ohren groß und hatten die Form wie bei »Afrikanern«, aber der Rüssel hatte nur einen Finger an der Spitze, typisch für Asiatische Elefanten.

Entrance

5 Seltsame Verwandte

Von Seekühen und Elefanten

Die heute noch lebenden Verwandten der Elefanten sind vielgestaltig und deutlich kleiner als die grauen Riesen. Als nächste lebende Verwandte der Elefanten gelten die Seekühe (Sirenia) und die Schliefer (Hyracoidea). All diese Tiere werden mit den Elefanten unter dem Begriff Afrotheria zusammengefasst. Dies ist eine Überordnung innerhalb der Unterklasse der höheren Säugetiere. Die Afrotheria umfassen etwa 80 Arten, dazu gehören die Rüsseltiere (Proboscidea), die Rüsselspringer (Macroscelidea) mit 19 Arten, die Schliefer (Hyracoidea) mit sechs Arten, die Seekühe (Sirenia) mit vier Arten und die Tenrekartigen (Afrosoricida) mit 55 Arten, unterteilt in Goldmulle *(Chrysochloridae)*, Otterspitzmäuse *(Potamogalidae)* und Tenreks *(Tenrecidae)* sowie die Röhrenzähner *(Tubulidentata)* mit einer Art, dem Erdferkel.

Der Ursprung der Afrotheria liegt in Afrika. Die oben genannten Tiere hatten alle einen gemeinsamen Vorfahren, der vor 80 Millionen Jahren auf dem Schwarzen Kontinent lebte. Einige Artengruppen blieben in Afrika, andere wanderten nach Asien oder Südamerika ab.

Diese Tiergruppe zeichnet sich durch »primitive« Merkmale aus. Bei vielen Männchen der Afrotheria liegen die Hoden in der Bauchhöhle, und die Thermoregulation ist bei vielen Arten schlecht entwickelt. Genetische Untersuchungen unterstreichen die Verwandtschaft. Die DNS (Desoxyribonukleinsäure) gibt Auskunft über die Abstammung und Verwandtschaft eines Lebewesens, sie wird auch als Erbgut bezeichnet und von den Eltern an die Kinder weitergegeben.

Die größte Art der Afrotheria ist der Afrikanische Elefant mit über fünf Tonnen Gewicht, und der kleinste bisher bekannte Vertreter ist der Kleine Langschwanztenrek (*Microgale parvula*), ein Spitzmaus-ähnliches Tier, das gerade einmal fünf Gramm auf die Waage bringt. Es gibt kaum eine andere Tiergruppe, die aus so unterschiedlich aussehenden Arten besteht.

6 Was sind Dickhäuter?

Elefant, Flusspferd, Nashorn, Tapir

Im Duden findet sich der Begriff Dickhäuter. Dort ist nachzulesen, dass es sich hierbei um ein »großes, plumpes Säugetier mit dicker, lederartiger Haut« handelt. Dickhäuter, wissenschaftlich als Pachydermata bezeichnet, ist die umgangssprachliche Bezeichnung für größere Säugetiere aus verschiedenen Ordnungen mit derber Haut. Zumeist sind beziehungsweise wirken diese Tiere überwiegend haarlos. Ihre Färbung geht meist ins Gräuliche oder Braune. Zusammengefasst werden hier sehr unterschiedliche Tierarten: aus der Ordnung der Rüsseltiere die Familie der Elefanten, aus der Ordnung der Unpaarhufer (Perissodactyla) die Familien der Nashörner *(Rhinocerotidae)* und Tapire (*Tapiridae*) und aus der Ordnung der Paarhufer (Artidodactyla) die Flusspferde (*Hippopotamidae*).

Der Ausdruck Dickhäuter ist nur teilweise richtig. Zwar kann an manchen Stellen, so am Rüsselansatz, den Beinen und am Rücken, die Haut tatsächlich bis zu drei Zentimeter dick sein, doch an den Ohren oder um die Augen ist sie recht dünn. Elefantenhaut erinnert beim Anfassen an grobes Schmirgelpapier. Sie muss stabil sein, um den Körper zu schützen. An den dünnen Stellen merken Elefanten sogar, wenn sie von einer Mücke gestochen werden.

In manchen Verbreitungsländern wird die Haut illegal genutzt. In Myanmar zum Beispiel wird sie mit Kokosöl zu einer Salbe verrührt. Diese soll gegen Hautkrankheiten und Verdauungsprobleme helfen. Die getrocknete Elefantenhaut wird neben Fellen oder Knochen anderer bedrohter Tierarten illegal angeboten. Dies geschieht, obgleich das Töten von Elefanten in Myanmar mit Haftstrafen von bis zu sieben Jahren geahndet wird – das schnelle Geld ist zu verlockend.

Aber es gibt auch eine übertragene Bedeutung. Mitunter wird gesagt, dass eine Person ein Dickhäuter ist, ein Mensch, der sich seelisch nicht aus dem Gleichgewicht bringen lässt.

7 Das Skelett der Elefanten

Das wäre was für Waldi

Prinzipiell unterscheidet sich das Skelett der Elefanten nicht wesentlich von dem anderer Säugetiere. Es setzt sich ganz »normal« aus Schädel, Wirbelsäule, Extremitäten, Rippen und Brustbein zusammen.

Interessant ist aber, dass die verschiedenen Elefantenarten eine unterschiedliche Anzahl Brust-, Lenden-, Kreuzbein- und Schwanzwirbel besitzen. Je nach Art besteht ein Elefantenskelett daher aus 326 bis 351 Einzelteilen, wobei diese aber natürlich je nach Knochen sehr groß sein können, so wie Schädel oder Schulterblatt. Ein Schädel wiegt bis zu 180 Kilogramm, und ihre Oberschenkelknochen sind einfach riesig, darüber würde sich »jeder Hund freuen«.

Das Skelett der Elefanten zeigt, dass es sich bei ihnen um sogenannte Zehenspitzengänger handelt. Elefanten laufen auf den Finger- beziehungsweise Zehenspitzen, daher sind sie so behutsam und geschickt auf den Beinen.

Eine weitere Besonderheit der Elefanten ist ihr sogenannter Pleuraspalt. Dies ist ein mit Flüssigkeit gefüllter Raum zwischen Lungen- und Rippenfell. Nur bei Elefanten und bei keinem anderen Säugetier ist dieser Spalt durch lockeres Bindegewebe überbrückt. Wissenschaftler sagen, dass dadurch die Pleurablätter weiterhin gegeneinander verschiebbar sind. Dies ermöglicht Elefanten, einen Fluss zu durchqueren und währenddessen mit ihrem langen Rüssel zu »schnorcheln«. Hierbei atmen sie Luft mit atmosphärischem Druck ein, während sich ihre Körper mit den Lungen unter Wasser befinden. Eine solche Druckdifferenz würde bei Säugetieren mit herkömmlichem Pleuraspalt dazu führen, dass die Blutgefäße, die das Wandblatt der Pleura versorgen, förmlich zusammengequetscht werden. Es ist also eine Anpassung ob ihrer Größe und ihres Gewichts.

Außerdem wurde früher angenommen, dass Elefanten keine Ellenbogen- und Kniegelenke hätten. Mittlerweile ist aber klar, dass diese vorhanden, aber völlig frei sind.

8 Ein Rüssel ist kein Strohhalm

Das Universalwerkzeug der Elefanten

Der Rüssel ist das auffälligste anatomische Merkmal bei Elefanten und in dieser Ausprägung bei keinem anderen Tier zu finden. Er besteht ausschließlich aus Muskeln und enthält keine Knochen. Die Angabe über die Zahl der Muskeln im Rüssel variiert zwischen 20.000 bis 40.000. Der Rüssel der Elefanten ist ein vielseitig einsetzbares, quasi ein Universalwerkzeug.

Manche Menschen glauben, dass der Rüssel wie ein Strohhalm funktioniert und die Elefanten durch ihn trinken können. Dabei besteht er aus der verlängerten Nase und der Oberlippe. Die erwachsenen Elefanten trinken, indem sie bis zu zehn Liter Wasser in den Rüssel ziehen und sich dann ins Maul spritzen. Zudem kann er als Druckspritze eingesetzt werden, das nutzen wir im Zoo mitunter, um sogenannte Rüsselspülungen vorzunehmen. Dabei gurgelt der Elefant gewissermaßen ein Medikament und prustet nach der Spülung alles wieder aus.

Beim Fressen ermöglicht der Rüssel es den Elefanten, an hoch gelegene Blätter und Pflanzenteile zu gelangen. Mit ihm und dem Einsatz ihrer Füße können sie größere Pflanzenteile, zum Beispiel Äste, schälen und mundgerecht zerteilen. Außerdem können Elefanten damit hervorragend riechen und natürlich extrem geschickt tasten und greifen. Doch auch als Waffe kann der Rüssel eingesetzt werden. Mit einem einzigen gezielten Schlag könnten sie einen Menschen töten.

Wir erinnern uns, dass Afrikanische Elefanten zwei fingerartige Fortsätze und Asiatische Elefanten nur einen solchen Fortsatz an ihrer Rüsselspitze besitzen. Ein Einfluss auf die Geschicklichkeit, was den Rüssel anbelangt, ist davon aber nicht abzuleiten.

Das »Werkzeug Rüssel« hat der Mensch vor allem in Asien für sich genutzt. Hier sind Arbeitselefanten im Einsatz, die durch geschickte Ausbildung und Führung der Mahuts (siehe Kapitel 62) Gegenstände von erheblichem Gewicht mit Hilfe des Rüssels bewegen können.

9 Können Elefanten tauchen?

Es geht sogar ohne Schnorchel

Es überrascht viele Leute, dass Elefanten schwimmen können. Tatsächlich gehören sie zu den sehr guten Schwimmern im Tierreich. Menschen und Menschenaffen sind die Einzigen, die diese Fertigkeit erlernen müssen.

Arbeitselefanten auf den Andamanen-Inseln sind bekannt dafür, auf dem offenen Meer zwischen den Inseln zu schwimmen (siehe Kapitel 103). Manchmal sogar sechs Stunden mit ihrem Mahut auf dem Rücken. Die meisten Mahuts können nicht schwimmen und sind daher auf ihre Tiere als Fortbewegungsmittel angewiesen. Die wohl bekanntesten Filmaufnahmen eines schwimmenden Elefanten sind ebenfalls auf den Andamanen gedreht worden: Bis er 66-jährig verstarb, schwamm Stoßzahnträger Rajan regelmäßig zwischen den Inseln zu seinem Arbeitsplatz. Er ist durch diese Unterwasseraufnahmen weltberühmt geworden.

Es ist bekannt, dass Elefanten bis zu 48 Kilometer am Stück schwimmen und dabei eine Geschwindigkeit von über zwei Kilometer in der Stunde erreichen können. Dabei liegt ihr ganzer Körper unter der Wasseroberfläche, nur der obere Kopfbereich, also Augen und Stirn, darüber. Da der Mund unter Wasser bleibt, setzen Elefanten den Rüssel als Schnorchel ein. Die vier Beine werden als Paddel zur Fortbewegung benutzt.

Alle Elefanten lieben das Element Wasser. Manchmal holen sie auch tief Luft und tauchen im kühlen Nass einige Minuten. Dann sind sie im wahrsten Sinne des Wortes von der Oberfläche verschwunden. Elefantenjungtiere spielen sehr gern im Wasser. Sie können ab einem Alter von vier bis fünf Monaten schon recht gut schwimmen. In Zoos lässt sich oft beobachten, dass die jungen Tiere sich viel im nassen Element aufhalten. Sie laufen einander nach, in das Wasser hinein, lassen sich auf die Seite fallen, klettern aneinander hoch, tauchen auch unter und haben viel Spaß. Vor allem bei Regen zieht es alle Tiere der Gruppe in die Wasserbecken.

10 Heiß begehrt

Todbringende Zähne

Bei Elefanten kennen wir zwei Arten von Zähnen. Hierbei handelt es sich um die großen Backenzähne und die Oberkieferschneidezähne. Letztere werden ob ihrer Form und Größe auch als Stoßzähne bezeichnet. Die Stoßzähne bei Elefantenbullen können eine Länge von mehr als drei Metern und ein Gewicht von über 100 Kilogramm erreichen! Bei den Elefantenkühen sind die Stoßzähne in der Regel deutlich schwächer gestaltet, bei asiatischen Elefantenkühen selten vorhanden.

Die Stoßzähne sind gleichermaßen Werkzeug und Waffe, und doch wurden sie dem Elefanten zum Verhängnis, denn sie bestehen aus dem sogenannten Elfenbein. Darunter versteht man die Substanz der Stoßzähne von Elefant und Mammut. Im weiteren Sinne wird noch das Zahnbein der Stoß- und Eckzähne verschiedener anderer Säugetiere, zum Beispiel Walross, Pottwal oder Flusspferd, darunter gefasst.

Das Elfenbein des Elefanten ist ein relativ weiches Material, welches sich gut bearbeiten lässt. Es besteht zu einem geringen Anteil aus Calciumcarbonat, also Kalk, und bis zu fast 60 Prozent aus Calciumphosphat. Beim Trocknungsvorgang, also nicht mehr am Tier, verliert Elfenbein rund 20 Prozent an Gewicht, was dann zu Rissen führen kann. Die Härte von Elfenbein unterliegt Schwankungen, was sich durch das unterschiedliche Nahrungsspektrum der Tiere erklärt. Je mehr Mineralstoffe der Elefant zu sich nimmt, desto härter ist sein Stoßzahn.

Seit Jahrhunderten stellt Elfenbein einen wertvollen Werkstoff zur Herstellung von Gebrauchs- und Schmuckgegenständen dar, zum Beispiel für Klaviertasten oder Schnitzereien. Die im Laufe der Zeit gestiegene Nachfrage führte zu extremen Problemen, die den Bestand insbesondere des Afrikanischen Elefanten extrem bedrohen. Die illegale Wilderei wird mit höchster Professionalität und absolut skrupellos durchgeführt. Viele Tiere sterben ihrer Zähne wegen einen grausamen Tod.

11 Wieso haben wir das nicht?

Die Dritten immer dabei

Die meisten Elefanten tragen auf jeder Kieferfläche einen sichtbaren Schneidezahn (Stoßzahn) im Oberkiefer und ein bis zwei sichtbare Backenzähne (Molare) im Ober- als auch im Unterkiefer.

Sie haben zudem ihre Ersatzzähne, ihre Dritten, quasi immer dabei. Damit ist gemeint, dass Elefanten im Laufe ihres Lebens ihre Backenzähne sechsmal wechseln. Im Gegensatz zu uns Menschen und vielen anderen Säugetieren wachsen die neuen Zähne nicht von unten nach oben, also vertikal nach, sondern von hinten nach vorn. Wir sprechen von einem horizontalen Zahnwechsel. Um die Mahlleistung durch die starke Abnutzung beim Zermahlen der harten Pflanzennahrung zu erhalten, wandert vom hinteren Ende des Kiefers kontinuierlich der neue Backenzahn nach. Dies geschieht durch Resorption und Neuaufbau von Kieferknochensubstanz. Wenn ein Elefant alle seine 24 Backenzähne, zwölf Prämolaren und zwölf Molaren, jeweils drei von jedem in jedem Kieferviertel, verschlissen hat, muss er letztlich verhungern. Im Zoo können wir durch entsprechende Nahrung die Tiere länger versorgen.

Die Backenzähne der Elefanten sind hochkronig (»hypsodont«). Charakteristisch und auffallend sind die recht engständigen, lamellenartigen Schmelzfalten, der Fachmann spricht von »lamellodont«. Der letzte Backenzahn kann bis zu fünf Kilogramm schwer werden. Die Backenzähne beider Elefantenarten unterscheiden sich deutlich an ihrer Oberfläche, beim Afrikanischen Elefanten weisen sie bis zu 13 über den ganzen Zahn durchgängige, beim Asiatischen bis zu 24 durchbrochene Schmelzlamellen auf. Durch den Abrieb entsteht bei den afrikanischen Elefantenzähnen eine Schräglage. Ihr wissenschaftlicher Gattungsname, *Loxodonta*, stammt aus dem Griechischen und bedeutet so viel wie »der mit schrägen Zähnen«.

Der zahnfreie Bereich zwischen den Stoßzähnen und den Backenzähnen wird, wie bei anderen Tieren auch, allgemein als Diastem bezeichnet.

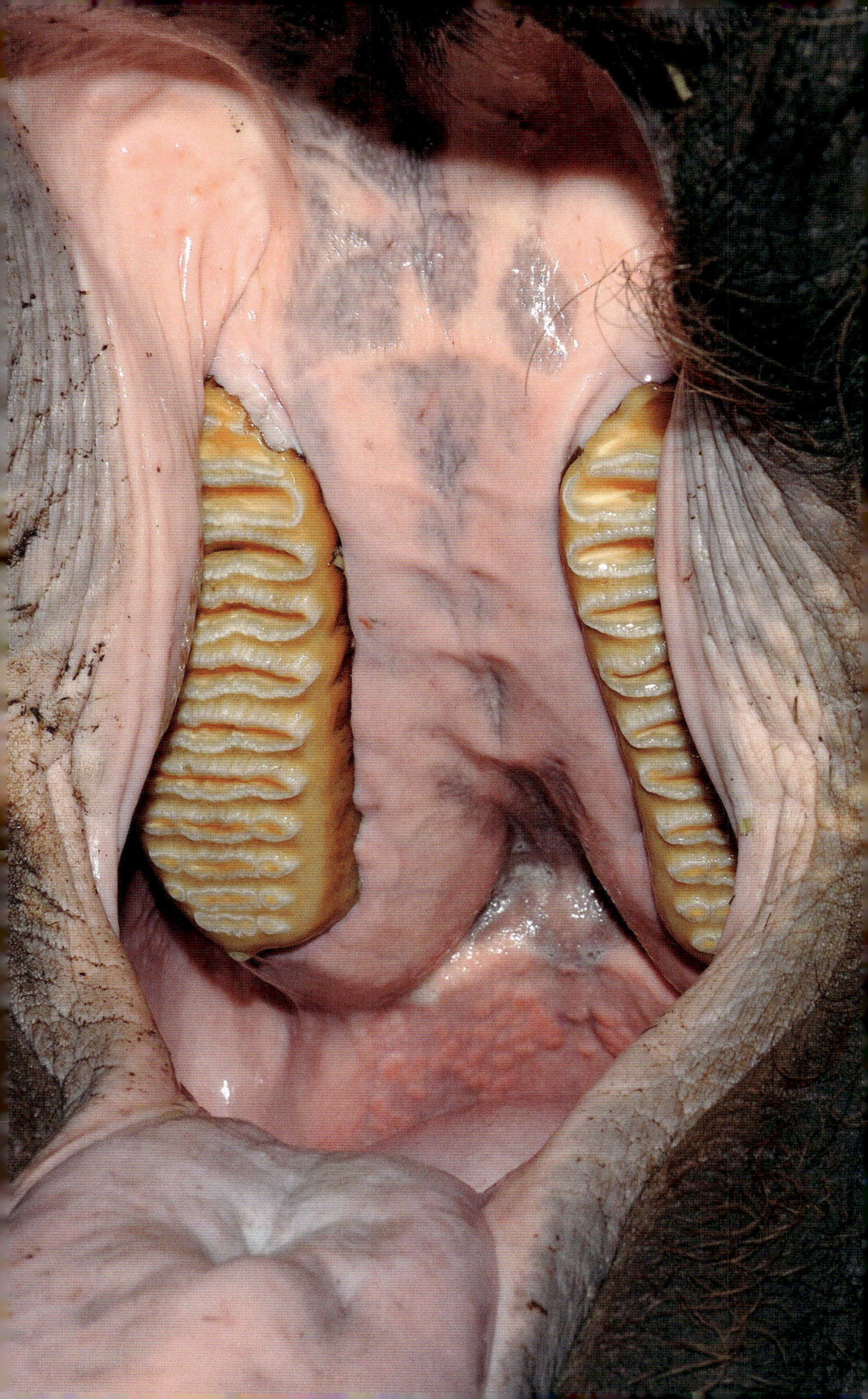

12 So alt wird doch kein Schwein

Lebenserwartung von Elefanten

Die Lebensdauer von Elefanten liegt in der Regel zwischen 50 und 60 Jahren. Wie beim Menschen gibt es Ausnahmen, manche sterben früher, und andere stellen Altersrekorde auf. So gibt es immer mal wieder Exemplare, die fast 70 Jahre alt werden. Grundsätzlich sterben Elefanten letzten Endes an Krankheiten und daran, dass sobald ihre Zähne aufgebraucht beziehungsweise abgenutzt sind, sie nicht mehr richtig fressen können. In einem Zoo können wir dem durch entsprechend zubereitete Nahrung eine Zeit lang entgegenwirken.

Einer der ältesten Asiatischen Elefanten in Europa wurde 1951 geboren und lebt im Zoo des heutigen Wroclaw, dem ehemaligen Breslau, in Polen. Lange Zeit hielt die asiatische Elefantenkuh Vilia in der Wilhelma Stuttgart mit dem Geburtsjahr 1949 den Altersrekord. Sie erlag aber während der Hitzeperiode im Juli 2010 einer Kreislaufschwäche, die sicher einfach dem hohen Alter geschuldet war. Der absolute Altersrekord in den zoologischen Gärten Deutschlands wird von der asiatischen Elefantenkuh Birma gehalten, die 1981 im Zoo von Gelsenkirchen 63-jährig verstarb. Die gegenwärtig ältesten Elefantenkühe Deutschlands sind Targa in Augsburg, geboren 1954, und Rani in Karlsruhe, geboren 1955. Der älteste asiatische Elefantenbulle, Bindu, lebt mit rund 50 Jahren im Kölner Zoo (*1969).

Der älteste Afrikanische Elefant in einem europäischen Zoo war die aus Tansania stammende Elefantenkuh Ruaha im Zoo Basel (Schweiz). Sie starb im Juli 2010 im Alter von 59 Jahren.

Der bisher älteste Elefant im Kölner Zoo ist Savani, eine Asiatin, die 55 Jahre alt wurde. Sie stand eines Morgens im alten Elefantenhaus einfach nicht mehr auf, so wie das auch von anderen sehr alten Tieren bekannt ist. Im »Guinnessbuch der Rekorde« findet sich der Hinweis, dass der älteste Elefant im Zoo von Taipeh (Taiwan) lebte und dort 86 Jahre alt wurde.

13 Wie leben Elefanten?

Hier hat die Frau das Sagen

Elefanten sind soziale Tiere, sie leben in Herden, die aus Elefantenkühen und ihrem Nachwuchs bestehen. Die Herde wird von einer Leitkuh geführt. Sie entscheidet und leitet die Herde von einer Wasserstelle zur nächsten und sorgt so für deren Überleben.

Meist umfassen solche Herdenverbände 8 bis 20 Tiere, sie können aber durchaus größer sein. Interessant ist, dass sich die weiblichen Elefanten bei der Aufzucht und beim Führen der Jungen gegenseitig unterstützen. Hierbei lernen die jungen von den alten Tieren. Dies bezieht sich nicht nur auf alles, was die Jungenaufzucht anbelangt, sondern auch auf die Wasser- und Nahrungsgründe bis hin zu den entsprechenden Zugrouten.

Bei solchen Elefanten, die keine eigenen Jungen führen, sprechen wir von den sogenannten Tanten. Sogar bei der Geburt leisten sie Beistand. So lernen junge Elefantenkühe über die Geburt bis hin zur Erziehung der Jungen alles, was sie später brauchen.

Weibliche Tiere bleiben meist bei der Herde. Die männlichen Tiere, die sogenannten Bullen, verlassen die Herden in der Regel mit der Geschlechtsreife. Diese tritt bei ihnen mit etwa zehn Jahren ein und bei den Elefantenkühen im Freiland mit rund zwölf Jahren. Die Bullen ziehen dann als Einzelgänger umher oder in Junggesellengruppen, deren Zusammensetzung wechseln kann. Ältere Bullen treffen immer wieder auf die Weibchengruppen, sind aber kein fester Teil der Herde, auch wenn sie mitunter mehrere Tage mit ihnen unterwegs sind.

Die Afrikanischen Elefanten bewohnen als sogenannte Waldelefanten im zentralafrikanischen Bereich Urwälder, zum Beispiel in der Republik Kongo. Ansonsten sind sie in ihrem Verbreitungsgebiet vor allem in den Savannen zu finden. Eine Besonderheit stellen die Wüstenelefanten in Namibia dar (siehe Kapitel 104). Die Asiatischen Elefanten sind in der Regel in den Waldgebieten ihrer Heimat zu finden, wo sie auf Nahrungssuche gehen.

14 Blind wie ein Fisch?

Sehsinn der Elefanten

In Afrika ist ein Fall dokumentiert, in dem eine blinde Elefantenkuh eine Herde anführte. Der totale Sehverlust verhinderte nicht, dass diese Kuh ihre Rolle als Anführerin der Herde ausfüllte. Doch wie ist diesem Tier das gelungen?

Elefanten haben grundsätzlich einen sehr schlechten Sehsinn. Allerdings gleichen sie diesen Mangel durch einen guten Riech- und Gehörsinn aus. Sie strecken ihren Rüssel nach oben und in alle Richtungen. Damit nehmen sie ihre Umgebung olfaktorisch wahr. Achten Sie einmal darauf, und Sie werden Elefanten ständig beim Rüsseln beobachten können.

Im Auge eines Elefanten befinden sich Stäbchen und Zapfen, genau wie bei Menschen. Die Zapfen dienen dazu, Farben und Details zu sehen. Die Stäbchen sind lichtempfindlicher und reagieren primär auf Hell-Dunkel-Reize. In ihrer Retina haben Elefanten zwei Zapfentypen für den roten und grünen Bereich. Im Gegensatz zum Menschen fehlt ihnen der S-Zapfen für die blauen Farben in ihrer Umgebung.

Elefanten gehören zu den Tieren, die die Fähigkeit besitzen, in der Dämmerung und nachts fast genauso gut zu sehen wie tagsüber. Allerdings brauchen sie dazu eine geringe Lichtquelle, zum Beispiel den Mond. Wenn dieser von Wolken verdeckt ist, sehen auch Elefanten so gut wie nichts.

Elefantenaugen messen fast vier Zentimeter im Durchmesser und wirken im Vergleich zum großen Kopf ausgesprochen winzig. Sie befinden sich seitlich am Kopf und dienen somit dem peripheren Sehen. Die Augenfarbe ist bräunlich. Elefanten haben außerdem eine Nickhaut oder ein sogenanntes drittes Augenlid, welches zusammen mit den langen Wimpern vor Staub, Schmutz und Wasser schützt. Aber die Nickhaut verhindert nicht nur, dass Fremdkörper ins Auge gelangen, sondern sie hält auch das Auge feucht, indem sie eine lichtdurchlässige und durchsichtige Schicht bildet.

15 Geruchssinn der Elefanten

Reife Früchte am Geruch erkennen

Afrikanische Elefanten haben einen außergewöhnlich guten Geruchssinn. Einer Studie zufolge besitzen die Rüsseltiere mehr als doppelt so viele Gene für Geruchsrezeptoren wie Hunde – und sogar fünfmal mehr als Menschen.

Das Forscherteam von Yoshihito Niimura von der Universität Tokio hat die Gene für die Geruchswahrnehmung bei 13 Säugetieren untersucht. Neben Elefanten wurden unter anderem Ratten, Pferde, Hunde, Mäuse und Primaten berücksichtigt. Mit fast 2.000 Erbgutabschnitten für den Geruchssinn liegt der Afrikanische Elefant an der Spitze, heißt es in der Fachzeitschrift »Genome Research«.

Dies deutet darauf hin, dass die Tiere sehr differenziert und sensibel riechen können. Allerdings sei die Zahl der Gene allein noch kein sicherer Beweis für die tatsächlichen Riechfähigkeiten, schränken die Forscher ein. Der Mensch rangiert auf der Skala der Riechfähigkeit in der Studie zusammen mit den Primaten ganz unten. Die Wissenschaftler vermuten, dass der Geruchssinn bei uns infolge verbesserter Sehfähigkeiten an Bedeutung verloren hat.

Eine typische Verhaltensweise von Elefanten ist das Rüsseln, bei dem die Tiere ihren Rüssel wie ein Radar in alle Richtungen umherschwenken, um ihre Umgebung zu riechen. Wasser und Futter kann so über mehrere Kilometer entfernt geortet werden, ebenso reife Feldfrüchte, Zuckerrohr und Getreide. Deshalb müssen Bauern vor allem zur Erntezeit ihre Felder schützen.

Elefantenbullen können auch die Paarungsbereitschaft der Weibchen feststellen, indem sie an deren Urin riechen. Danach stecken die Bullen sich ihren Rüssel in den Mund und halten den Geruch an ihr Jacobson-Organ. Diese Fähigkeit hilft ihnen dabei, brünftige Weibchen zu orten. Auch dominant aggressive Bullen in Musth (siehe Kapitel 23) werden an ihrem Geruch erkannt, sodass die anderen ihnen aus dem Weg gehen können.

16 Die Geheimsprache der Elefanten

Wie verständigen Elefanten sich eigentlich?

Elefanten sind soziale Tiere, die regelmäßig miteinander kommunizieren, sogar auf große Distanzen. Die »Sprache« der grauen Riesen ist sehr differenziert, sie reicht von der Körpersprache, zum Beispiel der Stellung der Ohren oder des Rüssels, bis hin zu Lautäußerungen, die sich zum Teil im Infraschallbereich abspielen.

Wir Menschen hören im Allgemeinen im Frequenzbereich zwischen 16 bis 20.000 Hertz. Alles, was sich im Bereich unter 16 Hertz abspielt, ist Infraschall, im Gegensatz zum Ultraschall, der bei mehr als 20.000 Hertz liegt. Der Infraschallbereich sind dunkle Töne. Die Elefanten produzieren sie mit Hilfe ihrer Stimmlippen im Kehlkopf. Je nach Topografie und Wetterlage sind Elefanten, insbesondere in den Steppen Afrikas, in der Lage, sich bis über eine Entfernung von 50 Kilometer zu verständigen. Am Abend und in der Nacht nimmt die Gesprächshäufigkeit zu, da sich nach Sonnenuntergang der Boden abkühlt. Dadurch wird die Schallreichweite vergrößert. Elefanten haben Rezeptoren in den Fußsohlen, mit denen sie Schwingungen wahrnehmen, sie hören gewissermaßen mit den Füßen.

Im Kölner Zoo mit seiner großen Elefantenherde kann man Kommunikation gut beobachten, die Tiere interagieren stets miteinander. Mitunter ist die Körpersprache entscheidend. Als wir die Gruppe zusammenführten und es Rangauseinandersetzungen um die Vormachtstellung der Leitkuh gab, konnten wir beobachten, dass diese Auseinandersetzungen beendet waren, als das eine Tier dem anderen den Rüssel – quasi als Machtdemonstration – auf den Kopf legte. Danach war Ruhe in der Gruppe.

Sind die Tiere nervös, erschrecken sich, haben Angst um ein Jungtier oder Ähnliches, dann schlagen sie vehement mit dem Rüssel mehrfach auf den Boden. Das erzeugt Schwingungen, aber auch ein lautes Alarmgeräusch.

17 Leben auf großem Fuß

Zehenspitzengänger – Ballerina

Es gibt sehr große Tierarten, bei denen wir eine Anpassung der Anatomie an die extreme Körpergröße und das Gewicht feststellen können. Zu diesen Tierarten zählen die Elefanten (Rüsseltiere), aber auch Flusspferde (Paarhufer) und Nashörner (Unpaarhufer). Alle drei Gruppen sind echte Schwergewichte, die mehrere Tonnen wiegen können. Ihr Fußbau wird wissenschaftlich als *graviportal* bezeichnet.

Das Sprichwort vom Elefanten im Porzellanladen ist schlichtweg falsch, denn wenn wir uns den Fußbau und die Bewegungen der Elefanten anschauen, dann müssen wir sie eher mit einer Balletttänzerin vergleichen. Die Rüsseltiere gehören zu den sogenannten Zehenspitzengängern unter den Landwirbeltieren. Wie der Name schon sagt, berühren die Tiere mit ihren Finger- beziehungsweise Zehenspitzen den Boden.

Diese Spezialform des Fußbaus beziehungsweise der Fortbewegung wird *unguligrad* genannt. Dieser Ausdruck leitet sich aus dem Lateinischen ab: *ungula*, »Huf«, und *gradi*, »gehen«. Die sogenannte *Unguligradie* findet sich bei allen rezenten Zehenspitzengängern, den Huftieren.

Wer einmal Elefanten draußen in der Natur oder im Zoo über längere Zeit hat beobachten können, der wird sicherlich bestätigen, dass die grauen Riesen sehr leise und vorsichtig laufen. Sie sind in der Lage, über Baumstämme und andere Hindernisse zu balancieren, auch wenn sie das nie in einem Zirkus gelernt haben. Sie bewegen sich fast lautlos, können aber, wenn es sein muss, auch sehr schnell laufen.

Misst man im Übrigen den Umfang eines Fußabdruckes oder eines Fußes eines Elefanten, so können wir daraus fast genau auf die Größe des Tieres schließen. Denn nimmt man die Länge des Abdrucks mal 2,5, dann ergibt das die Schulterhöhe des Tieres. Im weichen Steppensand Afrikas können Elefanten durch ihre markanten Fußabdrücke gut verfolgt werden.

18 Die großen Ohren

Können Elefanten schwitzen?

Nein, aber was hat das Schwitzen mit den Ohren zu tun?

Die Haut des Elefanten ist mit über zehn Quadratmetern ihr größtes Organ. Bei den meisten anderen Säugetieren erfolgt die Wärmeregulation über die Haut. Dies ist Elefanten nicht möglich, da sie ausschließlich oberhalb der Zehennägel Schweißdrüsen haben. Allerdings haben sie andere Möglichkeiten, sich abzukühlen. Zum einen nehmen sie Schlammbäder, zum anderen gehen sie gern in Flüsse und stehende Gewässer. Und sie bleiben in der Tageshitze am liebsten im Schatten. Sie sind hauptsächlich am frühen Morgen und Abend aktiv, weil dann die Temperaturen kühler sind.

Die effektivste Methode, um überschüssige Wärme loszuwerden, ist, mit den Ohren zu wedeln. Elefanten haben ein Geflecht von Venen und Arterien auf der Rückseite der Ohren mit einer Vielzahl von Blutgefäßen. Hier ist die Haut nur ein bis zwei Zentimeter dick. So wird das Blut von der umgebenden Luft abgekühlt und zurück in den Körper transportiert, wodurch die Körpertemperatur um bis zu zehn Grad Celsius gesenkt werden kann.

Große Ohren sind besonders in heißen Gebieten wichtig. Daher ist der afrikanische Steppenelefant mit seinen riesigen Ohren gut an seinen Lebensraum angepasst. Asiatische Elefanten haben kleine Ohren, da es in ihren Heimatländern nicht so heiß wird und sie vor allem in bewaldeten Gebieten leben.

Auch die Falten in der Elefantenhaut haben etwas mit der Wärmeregulation zu tun. Afrikanische Elefanten haben eine sehr faltige Haut, um über diese zusätzliche Fläche mehr Wärme abgeben zu können. In diesen Falten bleiben nach einem Bad Wassertropfen zurück und sorgen ebenfalls für einen Kühleffekt. Asiatische Elefanten hingegen brauchen diesen Effekt so nicht und haben entsprechend weniger Falten. Für Afrikanische und Asiatische Elefanten ist es überlebenswichtig, während der Trockenzeit ausreichend Wasser zum Abkühlen zu finden.

19 Die sehen doch alle gleich aus

Kann man Elefanten unterscheiden?

Auf den ersten Blick sind alle Elefanten grau. Wenn Sie jedoch genauer hinsehen, dann fällt Ihnen auf, dass die Rüsseltiere, wie Menschen, sehr individuell sind. Dies liegt nicht nur am unterschiedlichen Alter und der Größe, sondern unter anderem an dem Vorhandensein und der Ausbildung der Stoßzähne, an der Form des Kopfes, den unterschiedlichen Ohren oder an der Ausprägung der Schwanzquaste beziehungsweise der Behaarung insgesamt.

Im Kölner Zoo geben wir unseren Besuchern daher auf den Schildern zu den von uns gehaltenen Elefanten, einige bereits in Köln geboren, Hinweise zu deren besonderen Merkmalen. So steht da zum Beispiel für Jung Bul Kne: stark behaarte Stirn, lange Beine, langer Schwanz, doppelt gefaltete Ohrläppchen.

Am einfachsten sind unsere Bullen zu erkennen. Der alte Bulle Bindu ist das größte Tier auf der Anlage und hat zwei abgebrochene Stoßzähne. Der junge Bulle Sang Raja hat die schönsten Stoßzähne aller von uns gehaltenen Elefanten und wird sicher einmal so groß werden wie der alte Bulle. Sehr einfach ist auch die ehemalige Matriarchin Thi Ha Phyu zu erkennen, sie hat »krumme« Beine und einen knochigen Rücken. Maejaruad, eine der Elefantentanten im Kölner Zoo, zeigt einen außergewöhnlichen Kopf. Dieser wirkt massiv und weist starke Augenhöhlenwölbungen auf, sodass sie fast stets mürrisch dreinschauend wirkt.

Bei anderen Tieren müssen Sie schon zweimal hinschauen, um ihre Besonderheiten zu erkennen. Ein guter Anhaltspunkt zur Unterscheidung sind vor allem auch der Schwanz, den mitunter keine oder eine sehr ausgeprägte Schwanzquaste ziert. Die Ohren können Löcher oder besondere Rändelungen haben, hängend oder umgeknickt sein. Achten Sie einmal darauf, und schon können Sie die grauen Riesen unterscheiden, das ist gar nicht so schwer und macht Spaß.

20 Optischer Unterschied zwischen Kühen und Bullen?

Geschlechtsdimorphismus

Der Elefant ist eines der Tiere, bei dem sich Männchen und Weibchen stark unterscheiden. Bei Afrikanischen Elefanten wiegen die ausgewachsenen Bullen zweimal so viel wie ein ausgewachsenes Weibchen. Außerdem tragen beide Geschlechter Stoßzähne. Bei den Asiatischen Elefanten tragen nur die Bullen sichtbare Stoßzähne. Bei den Weibchen liegen sie meist verkümmert in den Zahntaschen verborgen. Elefantenbullen haben meist größere und ausgeprägtere Schädel, wirken insgesamt massiger.

Elefantenbullen und -kühe unterscheiden sich aber vor allem in ihrem Verhalten. Adulte Bullen leben als Einzelgänger und Elefantenkühe in einer Familiengruppe, die von einer Matriarchin angeführt wird. Es ist bewiesen, dass Elefantenkühe dominante Bullen bevorzugen, um deren Gene weiterzugeben. Adulte Bullen kämpfen miteinander, um ihre Dominanz festzustellen. Wenige Bullen müssen nicht erst kämpfen, um von den Kühen ausgewählt zu werden, da sie eine angeborene Dominanz zu haben scheinen.

Afrikanische und asiatische Elefantenbullen kommen in einen brunftähnlichen Zustand, genannt Musth. Während dieser Zeit sind die Bullen sehr aggressiv. Daher müssen in Asien Arbeitselefanten während dieser Zeit angekettet werden, um ihren Pfleger und andere Menschen nicht zu verletzen. Ein Bulle in Musth hat einen Ausfluss aus seinen Temporaldrüsen (diese befinden sich neben den Augen), und er uriniert ständig tröpfchenweise. Dieses Verhalten dient in der Wildnis der Reviermarkierung.

Junge Bullen müssen im Alter von vier bis fünf ihre Herde verlassen. Sie schließen sich in Jungbullengruppen zusammen. In dieser Gruppe üben sie sich ständig in Machtkämpfen und Rangeleien. Im Alter von 20 bis 25 werden sie meist zu Einzelgängern.

21 Gibt es weiße Elefanten?

Pigmentierung und Fake

Viele Bilder, die weiße Elefanten zeigen, sind tatsächlich gefälscht. Es werden nicht Tiere mit heller Hautfarbe, sondern gefärbte Elefanten gezeigt. Das wohl berühmteste Beispiel stammt von Prof. Dr. Bernhard Grzimek, dem ehemaligen Zoodirektor des Frankfurter Zoos und Moderator der beliebten Sendung »Ein Platz für wilde Tiere«. Als Zoodirektor versprach er in den Nachkriegsjahren den Besuchern einen weißen Elefanten. Die zahlreichen Neugierigen sahen am nächsten Tag tatsächlich einen weißen Elefanten – einen Dickhäuter, der mit weißer Farbe angestrichen war. Für einen Dokumentarfilm wurde diese Szene im Kölner Zoo nachgestellt: Die Elefantendame Savani wurde vor dem Dreh von ihren Pflegern Brian Batstone und Werner Naß mit Schlämmkreide weiß angestrichen.

In Asien werden die grauen Riesen oft angemalt, da weiße Elefanten als besonders heilig gelten. In Afrika gibt es viele Aufnahmen von rosa Elefanten, die sich diese Farbe bei einem Schlammbad in roter Erde selbst aufgetragen haben. Albinos sind sehr selten bei Elefanten zu finden. 2016 gab es Beweisfotos aus Afrika, die eine solche Rarität zeigten.

Allerdings gibt es tatsächlich hellere Elefanten. Grau ist nicht gleich Grau und ändert sich je nachdem, ob der Elefant gerade gebadet hat, dann ist er besonders dunkel, fast schwarz, oder ob er ein Staub- oder Schlammbad genossen hat. Danach sehen viele nämlich gelblich, rötlich oder eben auch fast weiß aus. Im Gegensatz zum Afrikanischen Elefanten zeigen die asiatischen Verwandten, wenn sie älter werden, auffallende rosa Stellen an ihrem Körper, vor allem auf dem Rüssel, der Stirn und den Ohrenrändern. Diese Flecken sind sozusagen das Gegenteil unserer Sommersprossen. Diese werden durch eine Anhäufung an Melanin gebildet, die hellen Stellen auf der Elefantenhaut hingegen kommen durch eine Reduktion von Melanin in ausgewählten Hautpartien zustande.

22 Mit Hannibal über die Alpen

Können Elefanten bergsteigen?

Wer im Geschichtsunterricht aufgepasst hat, der kann sich sicher erinnern, dass der karthagische Heerführer Hannibal 218 vor Christus mit einem Teil seines Heeres aus strategischen Gründen von der Iberischen Halbinsel nach Italien zog. So konnten die mit den Römern verbündeten Volcae in der Schlacht an der Rhone von Hannibal geschlagen werden. Aus Überlieferungen sind unterschiedliche Zahlen bekannt, aber es waren wohl rund 50.000 Soldaten, die ihn begleiteten. Darunter waren 9.000 bis 12.000 Reiter, aber eben auch 37 Kriegselefanten (!).

Interessant ist, dass es sich bei diesen Elefanten nicht etwa um asiatische Vertreter, sondern um Afrikanische Elefanten gehandelt hat. Es gilt aber als ziemlich sicher, dass Hannibals eigenes Tier ein Asiatischer Elefant namens Surus (»der Syrer«) war. Das Tier soll einen einzelnen Stoßzahn besessen haben.

Bei der beschwerlichen Reise waren Mensch und Tier den Unbilden des Wetters ausgeliefert. Angeblich musste das Heer beim Abstieg gar einige Tage unbeabsichtigt lagern, bis ein Pass von Geröll befreit werden konnte und die Fortführung der Reise möglich war. Insgesamt dauerte es rund 15 Tage, bis die Alpen überquert waren. Den Abstieg beschrieb Livius als verschneit und rutschig. Obgleich die 37 Elefanten alle die Überquerung der Alpen überlebten, ist bekannt, dass sie dennoch in den folgenden Wintermonaten starben. Das größte Problem war letztlich, für die Tiere ausreichend Nahrung zu beschaffen, sowie die kalten Temperaturen im Winter.

Viele Menschen halten die Überquerung der Alpen mit Elefanten nicht für möglich, doch wer einmal Elefanten im Freiland oder bei der Arbeit, zum Beispiel bei Rückearbeiten in der Forstwirtschaft in Thailand oder Laos, hat beobachten können, der weiß, dass sie äußerst geschickt sind und auch steile Hänge bergauf und bergab ohne Schwierigkeiten bewältigen können.

23_Janz jeck

Die Musth bei Elefanten

Musth (gesprochen Mast) ist ein besonderer Zustand, der bei männlichen, geschlechtsreifen Elefanten auftritt, und dies sowohl im Freiland als auch in menschlicher Obhut. Der Zustand kann einige Tage bis Monate anhalten. In diesem Zeitraum sind die Elefantenbullen meist nicht sehr umgänglich bis aggressiv. Sie produzieren hohe Testosterongaben. Die Ausprägung und Länge der Musth variiert sowohl individuell als auch den Umständen entsprechend, zum Beispiel in Abhängigkeit von der Nähe anderer Bullen. Elefantenbullen können bis ins hohe Alter die Musth erleben, unser fast 50-jähriger asiatischer Elefantenbulle Bindu im Kölner Zoo zeigt dieses Phänomen noch regelmäßig, verhält sich aber recht brav.

Der Begriff Musth stammt eigentlich aus dem Persischen. Er bedeutet quasi »unter Drogen« oder »im Rausch«. Ging man früher davon aus, dass die Anwesenheit von ranghöheren Bullen die Intensität und Dauer der Musth bei rangniederen Bullen grundsätzlich dämpft, so ist heute bekannt, dass dies nicht immer der Fall ist. Unsere beiden Bullen in Köln kommen regelmäßig in die Musth und zeugen beide Nachwuchs.

Die Musth findet mehrmals im Jahr statt, daher ist dieser Zeitraum nicht direkt mit der Brunft, wie wir es zum Beispiel vom heimischen Rothirsch her kennen, vergleichbar. Wir unterscheiden eine Vor-, eine Haupt- und eine Nachmusth.

Musthbullen sind deutlich erkennbar. Zum einen sondern sie Sekrete aus den Schläfendrüsen ab, die in der Hauptmusth auch intensiv riechen. Sie zeichnen sich zudem durch vermehrte Urinausscheidung aus. Häufig tröpfeln sie etwas. Aufgrund des aggressiveren Verhaltens der Tiere während dieser Zeit ist dringend anzuraten, insbesondere im Freiland, von Bullen, denen Sekret an den Seiten des Kopfes herunterläuft, besonders großen Abstand zu halten und Vorsicht walten zu lassen. Auch mit Tieren in Menschenhand muss man dann besonders vorsichtig umgehen.

24 Immer nur Essen

Was und wie viel frisst ein Elefant?

Elefanten sind Pflanzenfresser. Sie sind 16 bis 20 Stunden am Tag mit Futter- und Wassersuche und -aufnahme beschäftigt. Ein erwachsenes Tier kann pro Tag bis zu 250 Kilogramm, zehn Prozent seines Gewichts, fressen und 200 Liter trinken.

Die Nahrung der Elefanten besteht aus Gras, Kräutern, Kletterpflanzen, Blättern, Zweigen, Buschwerk, Rinde, Früchten und Wasserpflanzen. George McKay, der 1973 Elefanten in Sri Lanka erforschte, berichtete, dass die Nahrung der Elefanten aus 88 unterschiedlichen Pflanzen besteht. Asiatische Elefanten fressen mehr Gras als ihre afrikanischen Verwandten, die Buschwerk und Laub bevorzugen. In einigen Gegenden graben Elefanten im Boden, um an die lebensnotwendigen Mineralstoffe zu gelangen.

Elefanten fressen hauptsächlich morgens, am späten Nachmittag und in der Nacht. Während der heißen Tageszeit ruhen sie im Schatten von Bäumen. Ihr Fressverhalten ändert sich nicht nur mit der Tages-, sondern auch mit der Jahreszeit. In der Regenzeit gibt es Nahrung im Überfluss, und die Elefanten nehmen an Gewicht zu. In der Trockenzeit gibt es nicht mehr so reichhaltige Nahrung, und die Tiere verlieren bis zu 300 Kilogramm Körpergewicht. Schwache und kranke Tiere sterben hauptsächlich in dieser Jahreszeit.

Das Verdauungssystem der Elefanten ist eher einfach. Insgesamt ist der Darm 19 Meter lang. Es braucht ungefähr 24 Stunden, um eine Mahlzeit zu verdauen. Beide Elefantenarten sind *hindgut fermenters*, das heißt, dass die Gärkammer hinter dem Dünndarm liegt. Sie sind keine Wiederkäuer, der Hauptanteil ihrer Nahrung, circa 56 Prozent, wird unverdaut ausgeschieden. Der Verdauungsprozess beginnt bereits im Mund, der verglichen mit der Körpergröße sehr klein ist. Im Mund liegen gut entwickelte Speichel- und Schleimdrüsen. Beide zusammen sorgen für eine Befeuchtung der rauen Vegetation, die ein Elefant als Nahrung konsumiert.

25_Blank wie ein Kinderpopo?

Elefanten sind nicht nackt

Viele Menschen glauben, dass alle Elefanten groß, grau und nackt sind, quasi blank wie ein Kinderpopo. Dies ist eine irrige Annahme. Grundsätzlich besitzen Elefanten Haare, sie sind nicht nackt. Afrikanische Elefanten sind weniger behaart als ihre asiatischen Verwandten mit Ausnahme der Schwanzquaste. Diese ist durch mehr oder weniger viele, recht dicke, lange schwarze Haare am Ende des Schwanzes gekennzeichnet. Diese Haare können bis zu 30 Zentimeter lang sein. Gerade diese Haare sind im Gegensatz zu den meisten Körperhaaren sehr beliebt: Vor allem in den Ursprungsländern der Elefanten werden sie gern zur Herstellung von Schmuck, zum Beispiel Ringe oder Ketten, genutzt. Die Behaarung bei neugeborenen Elefantenkälbern ist meist besonders stark, nimmt aber mit zunehmendem Alter ab. Die Anhäufung von Haar lässt sich am ehesten auf dem Kopf, an den Ohröffnungen, um die Augen herum, am Kinn, an der Bauchseite und -unterseite und an den Genitalien erkennen.

Eine Untersuchung des amerikanischen Forschers Elie Bou-Zeid von der Princeton University beweist, dass Elefanten sich im Gegensatz zu anderen Tieren, die sich mit ihrem Fell wärmen, durch ihre spärliche Behaarung abkühlen. Die Begründung ist einfach, ein dichtes Haarkleid hält die Wärme nah an der Körperoberfläche, aber bei spärlicher Behaarung kann die Hitze gut vom Körper weggeleitet werden. So regulieren die Tiere ihren eigenen Wärmehaushalt.

Früher wurden Tierpfleger mitunter gefragt, wieso Elefanten Haare haben. Die Standardantwort war zumeist: »Damit wir mehr Arbeit und mehr zu putzen haben«, denn Elefanten bewerfen sich ja mit Schlamm, Sand oder Ähnlichem, was dann entsprechend zwischen den Haaren hängen bleibt und somit eine zusätzliche Schutzschicht zur eigentlichen Haut darstellt. So schützen sich die Elefanten vor Plagegeistern, wie zum Beispiel Zecken oder Mücken.

26 Wellness

Wie sich Elefanten pflegen

Afrikanische und Asiatische Elefanten lieben es, im Wasser zu baden, sich in Schlamm zu rollen oder ein Staubbad zu nehmen. All dies dient dazu, sie vor der Sonne und Insekten zu schützen. Gesunde Haut spielt eine große Rolle für der Vitalität der Elefanten. Sie benutzen Bäume oder Felsen, um sich an ihnen zu schrubben. So werden sie lästige Parasiten, hauptsächlich Bremsen, Flöhe oder Dasselfliegen, los. Bisse beziehungsweise Stiche dieser Insekten können zu schmerzhaften Wunden führen. Flöhe und Haarläuse sind der Hauptgrund für Wunden am Schwanzende und können nicht nur zu Haarausfall, sondern letztlich zum Verlust des gesamten Schwanzendes führen. Es gibt Vögel, die mit den Elefanten in einer sogenannten Putzsymbiose leben, sie befreien die Vierbeiner von den Parasiten. Beispiele sind der Gelbschnabel-Madenhacker (*Buphagus africanus*) in Afrika und der weiße Kuhreiher (*Bubulcus ibis*) in Afrika und Asien.

Hautpflege ist auch bei Elefanten wichtig, die im Zoo und Tierpark leben. In einigen Zoos benutzen die Tierpfleger Wasserschläuche, um die Tiere abzuduschen und abzuschrubben. In den moderneren Haltungen können die Elefanten selbst wählen, wann sie baden wollen. Außerdem stehen Schlamm, Sand und raue Oberflächen an Scheuersteinen zur Verfügung. Elefanten gehen besonders gern bei Regen ins Wasser. Das natürliche Verhalten kann in zoologischen Gärten zudem noch gefördert werden, indem zum Beispiel durch Obstfütterung im Wasser die Tiere animiert werden, hineinzugehen. Ein Bad in der Gruppe verstärkt zudem die Bindung der Tiere zueinander und bereitet ihnen sichtlich Freude.

Die Beschäftigung der Tiere durch Gehege-Einrichtungen wie Badebecken, Sandgruben, Scheuerfelsen und Ähnliches sowie die Möglichkeit zu »arbeiten«, um an ihr Futter zu kommen, indem es in Futterlöchern versteckt wird, hilft dabei, dass Elefanten mental aktiv und gesund bleiben.

27_Über Elefantenfriedhöfe

Alle sterben an der gleichen Stelle?

Einige Menschen glauben, dass alte und schwache Elefanten sich einen Ruheplatz suchen, an dem sie in Frieden sterben können – einen Elefantenfriedhof. Es mag eine gute Geschichte sein, aber sie ist nicht wahr. Es gibt keine stichhaltigen Beweise für die Existenz von Elefantenfriedhöfen.

Elefanten folgen spezifischen Wanderrouten. Das Wissen über diese wird von Generation zu Generation weitergegeben. Verletzte oder sehr alte Tiere hingegen verweilen an einem Ort, an dem sie leicht Nahrung und Wasser finden. Sie wählen diesen Ort nicht, weil sie bereit zum Sterben sind, sondern weil er ihnen die vielleicht einzige Chance zum Überleben sichert. Nach einer Weile kann es trotzdem sein, dass das Tier stirbt, entweder weil es zu alt oder zu schwer verwundet oder weil die Auswahl der vorhandenen Futterpflanzen nicht ausreichend war. So kommt es dazu, dass in einem recht begrenzten Gebiet viele tote Elefanten zu finden sind. Vielleicht haben Menschen solch ein Gebiet gefunden und deshalb die Geschichte der Elefantenfriedhöfe erfunden. Weitere Ursachen für eine Ansammlung toter Elefanten können Umweltfaktoren, zum Beispiel Dürre und das damit verbundene Fehlen von Wasser und Nahrung, sein. Wilderer vergiften manchmal Wasserlöcher, um zeitgleich viele Tiere zu »erlegen«.

Elefanten, vor allem die weiblichen Tiere, sind für ihre engen sozialen Bindungen bekannt. Wenn ein Herdenmitglied stirbt, versucht die Herde mitunter, das liegende Tier wiederaufzurichten und bleibt für einige Zeit bei ihrem toten Verwandten.

Der Mythos, dass Elefanten zu den Friedhöfen zurückkehren, um ihren Respekt gegenüber den toten Artgenossen zu zollen, ist nicht bewiesen. Aber sie interagieren tatsächlich mit den Überbleibseln toter Elefanten, wenn sie ihnen auf ihren Wanderungen begegnen. Sie riechen an ihren Knochen, heben diese auf und tragen sie ein Stück mit sich herum.

28 Guinnessbuch der Rekorde

Extreme

Elefanten sind bekanntlich die größten und schwersten rezenten, also heute noch lebenden Landsäugetiere auf unserem Planeten. Sie weisen eine Reihe von Extremen auf.

Man sagt, dass der größte Elefant am 4. April 1978 im Damaraland (Namibia) erlegt, genauer gesagt geschossen wurde. Es handelte sich um einen afrikanischen Elefantenbullen, der 4,21 Meter hoch und 10,4 Meter lang gewesen sein soll. Die Afrikanischen Elefanten, genauer gesagt die Bullen, sind mit bis zu 7,5 Tonnen Gewicht die Schwergewichte. Ein anderer, 1974 in Angola vermessener afrikanischer Elefantenbulle soll gar 12,2 Tonnen gewogen haben.

Der älteste Elefant lebte im Zoo von Taipeh und wurde 86 Jahre alt (siehe Kapitel 12).

Einen weiteren Rekord stellen sie mit ihren im Vergleich zu anderen Säugetieren anscheinend nur kurzen Schlafzeiten auf. So wurde bei einer Untersuchung in Botswana festgestellt, dass zwei Elefantenweibchen im Durchschnitt nur zwei Stunden pro Tag schliefen. An mehreren Tagen schliefen sie sogar gar nicht. Die meisten Elefanten legen sich wie wir Menschen zum Schlafen hin, aber die untersuchten Tiere taten dies nur etwa jeden dritten Tag, sonst ruhten sie im Stehen. Das stellten Wissenschaftler von der Witwatersrand-Universität in Johannesburg, Südafrika, fest.

Von den bei uns im Zoologischen Garten Köln lebenden Elefanten wissen wir, dass die Schlafzeiten im Liegen mit Zunahme der Größe und des Gewichts im Allgemeinen abnehmen.

Einen weiteren Rekord stellt der Elefant in Sachen Sinnesorgane auf: Rund 40.000 Muskeln sorgen dafür, dass er mit seinem Rüssel nicht nur riechen, sondern auch tasten und greifen kann. Zudem gibt es kein Tier, welches größere Ohren hat als der Afrikanische Elefant. Auch die Tragzeit ist mit 22 bis 24 Monaten die längste unter den Landsäugetieren. Das Neugeborene ist mit durchschnittlich 100 Kilogramm recht schwer. Elefanten sind einfach gigantisch.

29 Was wiegt ein Elefant?

Schwergewicht unter den Landsäugern

Elefanten sind bekanntlich die schwersten Landsäugetiere der Welt, nicht aber die schwersten Säugetiere. Diese leben nämlich im Wasser. Es handelt sich um die Blauwale (*Balaenoptera musculus*). Sie können ein Gewicht von 140 Tonnen erreichen. Nimmt man das Gewicht eines etwa fünf Tonnen schweren Elefantenbullen zum Vergleich, wiegt ein ausgewachsener Blauwal also etwa so viel wie eine größere Elefantenherde. Das nächstschwerste Tier ist ein Fisch, der Walhai (*Rhincodon typus*), der bis zu 20 Tonnen wiegen kann. Selbst die Giraffe (*Giraffa camelopardalis*), die mit fast sechs Metern das höchste Landsäugetier ist, kommt gerade einmal auf ein Gewicht von knapp zwei Tonnen bei schweren Bullen. Nach dem Elefanten sind die Schwergewichte an Land die Nashörner (*Rhinocerotidae*) und Flusspferde (*Hippopotamus amphibius*). Je nach Art können sie bis zu 3,5 Tonnen Gewicht erreichen. Die größten Meeresschildkröten (Cheloniidae), die Lederschildkröten (*Dermochelys coriacea*), können fast eine Tonne schwer werden.

Vergleichen wir den Elefanten mit uns Menschen und gehen von einem Gewicht von 75 Kilogramm pro Person aus, dann wiegt der Elefantenbulle Bindu aus dem Kölner Zoo mit seinen 5,6 Tonnen etwa so viel wie 75 Menschen!

Immer wieder hört man, dass Elefanten Angst vor Hausmäusen (*Mus musculus*) haben, dabei wiegen diese lediglich rund 20 Gramm – wohingegen ein neugeborener Elefant in etwa bei 100 Kilogramm liegt (siehe Kapitel 72).

Schaut man sich die Leichtgewichte aus der eigenen Verwandtschaft an, die Kleinen Langschwanztenreks (*Microgale parvula*), die nur fünf Gramm schwer werden, dann wiegt ein neugeborener Elefant so viel wie rund 200.000 seiner kleinen Verwandten! Noch beeindruckender wird es, wenn man einen Elefanten mit einem Kolibri, genauer gesagt einer Bienenelfe (*Mellisuga helenae*), vergleicht. Diese bringt gar nur 1,6 bis 2 Gramm auf die Waage.

30_Die vergessen nie

Elefantengedächtnis

Die Intelligenz von Elefanten ist einer der Gründe, warum ein so riesiges Tier in einer mitunter feindlichen und sich ändernden Umwelt seit Jahrtausenden überleben konnte. Elefanten müssen Überlebensverhalten und -strategien zeitlebens lernen. Ihr Verhalten ist also nicht allein auf den Instinkt zurückzuführen, schon die Jungtiere müssen lernen, in einer hochkomplexen Familienstruktur zu leben.

Das Gehirn eines adulten Elefanten wiegt ungefähr fünf Kilogramm, das eines Menschen hingegen 1,6 Kilogramm. Elefanten haben das größte Gehirn aller Landtiere. Ihre Intelligenz ist mit der von Schimpansen (*Pan troglodytes*) vergleichbar. Beide Tierarten besitzen die Fähigkeit, sich selbst in einem Spiegel zu erkennen. Elefanten kennen alle Familienmitglieder und können sie anhand von Aussehen und Geruch unterscheiden. Und sie sind in der Lage, sich an Orte lange nach ihrem letzten Besuch zu erinnern. Dies ist wichtig für die Nahrungssuche, ihr gutes Gedächtnis und die Berge und Bäume in der Ferne helfen ihnen, die Orte wiederzufinden, an denen sie schon einmal Futter entdeckt haben. Elefanten gehören außerdem zu den wenigen Tieren, die am posttraumatischen Belastungssyndrom leiden können. Ein Elefant in Sri Lanka litt so sehr am Tod seines Mahuts, dass er sich weigerte, zu essen und zu trinken.

Pretti, eine afrikanische Elefantenkuh, die Brian Batstone 25 Jahre gepflegt hat, überlebte vier andere Elefanten im Kölner Zoo. Da sie nicht allein gehalten werden sollte, zog sie in einen Zoo in Frankreich um, wo sie wieder mit anderen Afrikanischen Elefanten vergesellschaftet werden konnte. Nach ein paar Jahren hat Brian Batstone sie besucht. Pretti war sehr aufgeregt und begrüßte ihn mit dem typischen Verhalten, das Freude und Wiedererkennen ausdrückt. Auch Elefanten, die er in Sri Lanka kennt, begrüßen ihn immer wieder, obwohl er sie nur alle paar Jahre besucht.

31 Angst vor Mäusen

Haben Elefanten wirklich eine Mausphobie?

Wie Sie bereits gelesen haben, ist eine Hausmaus (*Mus musculus*) etwa 20 Gramm leicht (siehe Kapitel 29). Deswegen fällt es schwer zu glauben, dass Elefanten an Mäusephobie leiden sollen, und doch hört man immer wieder davon.

Es gab einige Menschen, die der Sache auf den Grund gehen wollten. Einer der Ersten war Prof. Dr. Bernhard Grzimek, der langjährige Direktor des Frankfurter Zoos und Tierfilmer. Er konfrontierte Elefanten im Zoo mit Mäusen. Statt entsetzt zu trompeten und davonzulaufen, beschnüffelten die Elefanten diese nur. Einige versuchten, die kleinen Flitzer gar zu zertreten. Das deckt sich genau mit der Erfahrung, die wir im Kölner Zoo gemacht haben. Wir haben vor Jahren für eine Sendung im Kinderfernsehen genau dieselbe Frage beantworten wollen. Unsere Elefanten zeigten ebenfalls keinerlei Angst.

Wir wissen aus Haltungserfahrungen, dass es einige Elefanten gibt, die Mäuse nicht in ihrer Nähe dulden und nach ihnen treten. Als Vegetarier fressen sie sie zwar nicht, aber mitunter finden Pfleger am Morgen ziemlich »flache« Mäuse in den Ställen. Andere Elefanten hingegen ignorieren Mäuse schlichtweg. Früher nahm man an, dass Elefanten Angst davor hätten, dass ihnen die kleinen Nager in den Rüssel kriechen würden. Wer aber schon einmal gesehen hat, wie ein Elefant niest oder Wasser aus seinem Rüssel spritzt, der weiß, dass dies kein Problem wäre, denn es wäre für sie ein Leichtes, sich der Plagegeister durch einen kräftigen »Schnäufer« zu entledigen.

Es gibt aber durchaus kleine Tiere, von denen Elefanten lieber Abstand halten. Hören Elefanten das Brummen von Bienen oder Wespen, dann können sie schon einmal etwas nervös werden. Diese Tatsache nutzen einige Dorfbewohner Afrikas, indem sie in der Nähe ihrer Dörfer Bienen halten. So können sie Honig ernten und die ungeliebten Elefanten auf Distanz halten.

32 Geschickte Handwerker

Über Werkzeuggebrauch

Elefanten zeigen eine beeindruckende Fertigkeit im Gebrauch von Werkzeugen. Dabei verwenden sie ihren Rüssel so wie wir unsere Arme und Hände. Sie benutzen zum Beispiel einen Ast mit Blättern, um Fliegen vom Körper wegzuschlagen. Manchmal tragen sie diesen Ast sogar mit sich herum, um ihn jederzeit greifbar zu haben, wenn sie ihn brauchen. Wir haben dieses Verhalten selbst im Kölner Zoo, vor allem in den Sommermonaten, beobachten können: Savani, eine unserer asiatischen Elefantenkühe, hatte es sich zur Gewohnheit gemacht, ihre »Fliegenklatsche« in einer ihrer Zahntaschen aufzubewahren.

Wenn Früchte zu hoch an einem Baum wachsen, werfen Elefanten Äste oder Steine, damit sie herunterfallen. Oder sie bringen mit ihren Füßen kleinere Stämme in Position, von denen aus sie hoch genug greifen können.

In Sri Lanka ist beobachtet worden, dass Elefanten ziemlich große Äste mit sich herumtragen, mit denen sie die elektrischen Zäune einreißen, damit sie auf die Felder und damit an Futter kommen oder um aus dem Nationalpark auszubrechen.

Damit die Elefanten beschäftigt sind, werfen wir im Kölner Zoo unter anderem Äpfel in den Wassergraben. Um an die Früchte zu kommen, gehen die Elefanten entweder ins Wasser oder sie bewegen das Wasser mit ihrem Rüssel, sodass die Äpfel zum Ufer treiben. Falls das Obst immer noch zu weit entfernt ist, werden auch Zweige benutzt, um es heranzuholen. Wir schneiden zudem Möhren in kleine Stücke und verstecken sie in Plastikbehältern, in die kleine Öffnungen geschnitten worden sind. Die Kanister werden aufgehängt, und die Elefanten gebrauchen ihren Rüssel, um an diesen zu rütteln, sodass die Möhrenstücke herausfallen. Manche Tiere sind geduldig und verbringen eine ziemlich lange Zeit damit, die Behälter zu leeren. Andere Elefanten hingegen sind ungeduldig und schlagen nur gegen den Plastikkanister.

33 Vor niemandem Angst

Haben Elefanten natürliche Feinde?

Der Mensch ist der größte Feind des Elefanten. Durch die zunehmende Bevölkerung, die Ausdehnung der Landwirtschaft, aber vor allem durch den ausufernden Städtebau drängen wir die Tiere immer mehr zurück. Schlimmer noch, durch die illegale Jagd auf diese charismatischen Riesen stehen sie kurz vor der Ausrottung, wenn wir nicht einschreiten. Das Elfenbein der Stoßzähne ist extrem begehrt. Je nach Qualität werden bis zu 5.000 Euro pro Kilogramm gezahlt.

Natürliche Feinde haben Elefanten, vor allem im Erwachsenenalter, kaum. In Afrika können jüngere und kranke Elefanten gelegentlich Beute von Hyänen (Hyaenidae) werden, eher aber werden sie mit viel Geschick und Mut von Löwenrudeln (*Panthera leo*) erbeutet. Ein einzelner Löwe allein reicht nicht aus, um einen Elefanten zu schlagen. Droht Gefahr, so nehmen Elefanten ihre Jungen immer zurück und stellen sich rund um sie herum auf, um die möglichen Feinde abzuwehren. Das ist auch im Zoo zu beobachten. Wann immer ein Jungtier einen Angstschrei ausstößt, kommen die Erwachsenen herbei und kümmern sich um das Junge, nehmen es in Schutz.

Die letzten knapp 400 wilden asiatischen Löwen Indiens (*Panthera leo persica*) kommen mit Elefanten im Girwald erst gar nicht mehr in Berührung, stellen also keine Gefahr dar. Große Krokodile (Crocodylia) und Leoparden (Panthera pardus ssp.) gibt es sowohl in Afrika als auch in Asien. Letztere scheiden ob ihrer zu geringen Größe und Kraft eher als Beutegreifer aus. Große Krokodile, wie das bis zu sechs Meter lang werdende Nilkrokodil (*Crocodylus niloticus*), kommen hingegen bei kleinen Elefanten als Fressfeinde in Frage. Gefahr für sie besteht immer dann, wenn sie zum Trinken ins oder ans Wasser gehen. Dann können solche großen Krokodile theoretisch auch junge Elefanten erbeuten. Es gibt Aufnahmen, die zeigen, wie selbst größere Elefanten in den Rüssel gebissen werden.

34 Elefanten in Deutschland

Elefantenpopulation

Die Anfänge der Elefantenhaltung in Zoos in Deutschland liegen in der Mitte des 19. Jahrhunderts. Zu dieser Zeit wurden in vielen europäischen und nordamerikanischen Städten Zoos gegründet. Vorher kannte man in Europa lediglich die Menagerien der Königs- und Kaiserhöfe. Dort sammelten die Herrscher allerlei exotisches Getier, mit dem sie sich schmücken und auch ihren Stand beweisen wollten.

Die ersten Zoos wussten nur wenig von den Bedürfnissen der Tiere. So starben manche schon nach recht kurzer Zeit, da sie entweder falsch ernährt oder falsch gehalten wurden. Erst mit den Freilandforschungen im 20. Jahrhundert kam vermehrt Wissen in die Zoos. Es änderte sich die Einstellung zu den Tieren, man war bemüht, sie artgerecht zu halten, zu ernähren und zu züchten. Bis heute entwickeln sich Zoos weiter und sind bemüht, mit Freilandforschern zusammenzuarbeiten, um deren Erkenntnisse in die tägliche Arbeit mit den Tieren einfließen zu lassen. In Deutschland gab es 2017 genau 149 Elefanten in 26 Haltungen, davon 111 Kühe (73 asiatische und 38 afrikanische) und 38 Bullen (26 asiatische und 12 afrikanische).

Wandermenagerien kannte man in Deutschland seit dem Mittelalter. Die ersten Elefanten kamen wahrscheinlich im 16. Jahrhundert hierher. Später haben sich aus diesen Tierschaustellern die heute bekannten Zirkusse entwickelt. Vor allem im 19. Jahrhundert boomte das Verlangen der Bevölkerung nach exotischen Tieren. Gerade Elefanten waren sehr beliebt, und so wollten viele Zirkusbesitzer möglichst viele Elefanten zeigen. Heute stehen viele Zirkusse in der Kritik. Schwierig ist dabei neben der gefährlichen Arbeit die Unterbringung in den Winterquartieren. Das ist sicherlich ein Grund dafür, dass die Zahl der Elefanten im Zirkus stetig abnimmt. Zurzeit gibt es 34 Tiere in zehn Zirkussen, 13 Asiatische und 21 Afrikanische Elefanten.

35 Es darf gelacht werden

Haben Elefanten Gemütsschwankungen?

Während der Jahrzehnte, die wir mit Elefanten gearbeitet haben, sind so viele lustige Dinge passiert, dass wir darüber fast ein ganzes Buch schreiben können.

Im alten Elefantenhaus des Kölner Zoos hielten wir asiatische und afrikanische Elefantenkühe in direktem Kontakt. Die afrikanische Elefantenkuh Tanga war jünger als die asiatischen Kühe, aber trotzdem die Leitkuh. Tanga war sehr intelligent, aber auch sehr gierig. Da sie die Leitkuh war, mussten wir sie bevorzugt behandeln, zum Beispiel als Erste füttern. Sie war der Lieblingselefant von Brian Batstone und vermutlich ziemlich verwöhnt. Sobald wir mit Tanga ein neues Kommando eingeübt hatten, sollte sie es jederzeit zeigen können. Wir brachten ihr zur Beschäftigung zum Beispiel bei, einen Ball aufzuheben und zu uns zurückzuwerfen. Eine leichte Übung für sie. Wenn sie den Ball genau zuwarf, bekam sie dafür eine Belohnung. Falls sie danebenwarf, ging der Ball ohne Belohnung an sie zurück, und sie musste noch mal werfen. Sie war sehr ehrgeizig, oder sollte man eher sagen, so gierig, eine Belohnung zu bekommen, dass sie sehr wütend wurde, wenn sie den Ball danebenwarf. Dann schüttelte sie den Kopf, rannte dem Ball nach und war sehr eifrig, es noch einmal zu versuchen. Als Belohnung gab es meistens Kandiszucker. Manchmal versuchte sie auch die Pfleger auszutricksen, indem sie diesen den Ball direkt in die Hand gab. Vergaßen wir einmal zu spielen, erinnerte uns Tanga daran, indem sie uns ein kleines Stöckchen zuwarf.

Tanga war einer der ersten Zooelefanten, die Bilder gemalt haben (siehe Kapitel 42). Sie wusste genau, was von ihr gefordert wurde. Man sagte: »Tanga, paint!«, und sie nahm den Pinsel mit dem Rüssel auf und tauchte ihn in die Farbe. Einmal aber ignorierte sie die Leinwand, die man ihr hinhielt, und malte einen Strich über das Gesicht und die Jacke von Brian Batstone – und das natürlich während eines Pressetermins.

36_Trauer

Sind Elefanten traurig, wenn ein Artgenosse stirbt?

Grundsätzlich zählt bei Tieren der Wille zu überleben, weiterzumachen, selbst wenn ein Partner stirbt. Aber Trauer kennen wir im Tierreich auch. Der bekannte britische Biologe Ian Redmond hat einmal beobachtet, wie in Afrika eine Elefantenherde mehrere Tage lang immer wieder zu einer toten Elefantenkuh zurückkam, die anscheinend durch einen Schlangenbiss umkam. Dieses Verhalten bezeichnete er als Totenwache. Einige Tage lang legten die Elefanten etliche Kilometer zurück, um immer wieder zu der toten Kuh zu gehen. Solche Szenen wurden immer wieder bei Elefanten beobachtet. Wir kennen dieses Verhalten aber auch von anderen Tieren, insbesondere von Affen (Anthropoidea). Die Ausprägung eines solchen Trauerverhaltens ist unterschiedlich und kommt unter anderem auf die Umstände an. Manche Wissenschaftler glauben, dass die Intensität der Trauer immer gleich ist, die Möglichkeit, diese lange auszuleben, aber von den Lebensumständen abhängt. Manche Tiere können sich quasi Trauer nicht leisten.

Wir selbst konnten ein solches Verhalten auch beobachten. Als wir Khaing Lwin Htoo, die Mutter von Marlar, einschläfern mussten, hatten wir uns auf diesen Moment eingestellt, das Jungtier an die Aufnahme von Nahrung durch die Pfleger gewöhnt. Marlar auf den Verlust der Mutter vorzubereiten war uns aber nicht möglich. Etwa zwei Wochen lang rief sie immer wieder nach ihrer Mutter und stand suchend auf der Anlage. Doch sofort kümmerten sich die Tanten um das Junge, halfen ihm quasi über die Trauer hinweg. Nach kurzer Zeit verstummten die Rufe, und Marlar wuchs in der Herde der Tanten auf.

In einem anderen Fall, als das Junge der Leitkuh Kreeblamduan eingeschläfert werden musste, da es nicht zu retten war, ermöglichten wir sowohl der Mutter als auch der Herde, von dem Jungen Abschied zu nehmen. Ebenso verfahren wir bei Affen in Anlehnung an das Verhalten im Freiland.

37 Leben und leben lassen

Das Problem des Zusammenlebens

Die Bewohner Sri Lankas können sich ihre Insel ohne Elefanten nicht vorstellen. Die Tiere sind eine Touristenattraktion. Sie sind Teil der Geschichte, Kultur, Religion und Mythologie. Und dennoch ist ein Konflikt zwischen Mensch und Elefant ein zunehmendes Problem. Der Lebensraum für Elefanten in Asien und Afrika wird täglich reduziert, da Menschen in ihr Gebiet eindringen. Die Zerstückelung der Wälder hat den Konflikt weiter verschlimmert.

Sri Lanka, eine kleine Insel im Indischen Ozean, ist ungefähr so groß wie Bayern. Der 65.610 Quadratkilometer große Staat hat eine wachsende Population von 21,3 Millionen Einwohnern und ist eines der am dichtesten bevölkerten Länder in Südostasien mit circa 325 Menschen pro Quadratkilometer. Auf der Insel leben neben vielen anderen Tieren auch 6.000 wilde Elefanten, verglichen mit der Größe des Landes die höchste Dichte an Elefanten auf der Welt.

Bauern in Sri Lanka bauen seit Generationen Reis als Grundnahrungsmittel an. Elefanten lieben Reis, vor allem kurz vor der Erntezeit. Dann kommen sie zu den Feldern und bedienen sich einfach. Dies war in früheren Zeiten einmal ihr Lebensraum, und es stört sie überhaupt nicht, dass dort jetzt Bauern leben. Elefanten zerstören sogar Häuser, um an den Reis- und Gemüsevorrat zu gelangen, der in Säcken oder Kisten innen gelagert wird. Die Bauern setzen Knallkörper oder selbst gemachten Sprengstoff ein, um die Elefanten zu vertreiben, und einige benutzen sogar selbst gemachte Schrotflinten oder Gift. Jedes Jahr sterben bis zu 75 Menschen bei solchen Angriffen. Zudem fallen einige Elefanten in Brunnenschächte, vor allem die Kälber. In den letzten Jahren kam es zu vielen Zugunglücken mit Elefanten, da der Zugverkehr zwischen der Hauptstadt Colombo und dem Norden nach dem Bürgerkrieg ausgebaut wurde. So fallen jährlich insgesamt 100 bis 150 Elefanten dem Mensch-Elefanten-Konflikt zum Opfer.

38 In 20 Jahren verschwunden

Elefanten sind stark bedroht

Möchte man die Zahl bedrohter Tierarten wissen, so sieht man sich am besten die Roten Liste der Weltnaturschutzunion (IUCN) an.

Bevor der Schwarze Kontinent von den Europäern entdeckt wurde, soll es dort bis zu 20 Millionen Elefanten gegeben haben. Eine Schätzung aus dem Jahr 1979 spricht noch von über 1,5 Millionen Elefanten. Heute sind es deutlich weniger. Allerdings wachsen einige Populationen im östlichen und südlichen Afrika um durchschnittlich vier Prozent, wohingegen in anderen Gegenden Afrikas die Zahlen dramatisch sinken. Auf der einen Seite ein Minus und auf der anderen Seite eine Zunahme, die aber in den begrenzten Verbreitungsgebieten durch Überpopulation und Vegetationszerstörung zu Problemen führt. Für den Afrikanischen Elefanten liegen die Schätzungen derzeit bei nur noch 350.000 bis 700.000 Tieren. Die IUCN führt den Afrikanischen Elefanten daher unter »vulnerable«. Er hat fast 30 Prozent seines ehemaligen Lebensraumes verloren, 2050 könnten es gar zwei Drittel sein.

Beim Asiatischen Elefanten ist die Lage noch bedrohlicher. Die Zahlen der IUCN liegen zwischen 41.410 und 52.345. Die meisten Asiatischen Elefanten leben in Indien. Es gibt recht genaue Angaben zu den Beständen in den verschiedenen Herkunftsländern, viel besser als für den Afrikanischen Elefanten: Bangladesch 150 bis 250, Bhutan 250 bis 500, China 200 bis 250, Indien 26.390 bis 30.770, Indonesien 2.400 bis 3.400, Kambodscha 250 bis 600, Laos 500 bis 1.000, Malaysia 2.100 bis 3.100, Myanmar 4.000 bis 5.000, Nepal 100 bis 125, Sri Lanka 3.500 bis 6.000, Thailand 2.500 bis 3.200 und Vietnam 70 bis 150. Der Asiatische Elefant wird als »endangered« geführt.

Es gibt Hochrechnungen, die besagen, dass fast 100 Elefanten täglich gewildert werden. Das entspricht rund 35.000 Tieren im Jahr. Wenn wir das nicht stoppen können, sind Elefanten schon bald von unserem Planeten verschwunden.

39 Nachhaltig – geht das?

Elefantenjagd

Früher war Elefantenjagd indischen Herrschern oder reichen weißen Jägern und Abenteurern, wie Ernest Hemingway, vorbehalten. Heute kann man diese einfach mit dem »nötigen Kleingeld« und einem Jagdschein buchen. Auf der Internetseite einer Jagdzeitschrift ist zu lesen, dass keine andere Jagd, auch in Jägerkreisen, so umstritten ist wie die auf Elefanten. Bei keinem anderen »Wild« neigt der Mensch zu mehr »Sentimentalitäten« als beim Elefanten.

Wir wollen versuchen, neutral zu bleiben. Wir sprechen hier nicht über das sogenannte »Culling«, das »Zusammenschießen« ganzer Herden, wie es aus verschiedenen Gründen in Afrika mitunter noch vorgenommen wird. Es ist festzuhalten, dass jegliche illegale und unfachmännische Jagd ohne waidgenössische Regeln absolut abzulehnen ist. Wer tatsächlich zur Fußjagd auf Elefanten aufbricht, wer sich dem allergrößten Landsäuger Auge in Auge gegenüberstellt, der wird mit Sicherheit Ehrfrucht, aber ebenso Angst bekommen. Echte Elefantenjagd ist und bleibt auch für den erfahrenen Jäger nicht ungefährlich.

Aus rein artenschutzrechtlicher Sicht spricht nichts gegen den Abschuss alter, nicht mehr zeugungsfähiger Elefanten, also zum Beispiel alter Bullen. Biologisch gesehen sind diese, verzeihen Sie den Ausdruck, entbehrlich. Bedenkt man, dass alte Elefanten durch Abnutzung ihrer Zähne auch Ernährungsprobleme haben, dann wäre es sogar eher positiv zu sehen. Nachhaltigkeit ist das Stichwort. In der Tat gibt es, nicht nur bei Elefanten, insbesondere in Südafrika Vorschriften, die besagen, dass ein Teil der Einnahmen der Jagd dem Schutz der Art zugutekommen muss. Die nachhaltige Jagd- und Forstwirtschaft wurde in Mitteleuropa, in Deutschland, erfunden. Heute gehen Gelder aus dem Abschuss in den Schutz; das Fleisch, die Haut et cetera werden für die einheimische Bevölkerung gespendet. Ein Problem bleibt: Nicht alles ist nachhaltig, was angeboten wird.

40_Wir müssen sie retten

Elefantenschutzprojekte

Gibt man den Begriff »Elefantenschutzprojekte« im Internet ein, so ist die Zahl der aufgeführten Treffer beachtlich. Leider haben die Elefanten in Asien und in Afrika eines gemeinsam, sie sind stark bedroht. Dies liegt vor allem am Rückgang des Lebensraumes. Häufig sind die letzten Habitate fragmentiert, die kleineren oder größeren Elefantenpopulationen voneinander getrennt, ein Genaustausch kann nicht mehr stattfinden. Viele Nationalparks, zum Beispiel im südlichen Afrika, sind eingezäunt, die Tiere sind zwar geschützt, können den Park aber nicht verlassen. Sie vermehren sich und ruinieren ihren eigenen und den Lebensraum anderer Tiere, zum Beispiel im Krüger-Nationalpark, wo es derzeit zu viele Elefanten gibt. Daher ist es zu begrüßen, dass Organisationen wie der WWF fordern, in der Kavango-Zambesi-Region ein riesiges, zusammenhängendes Schutzgebiet für die Elefanten einzurichten. Wir müssen weg vom Flickenteppich, hin zu einem weiträumigen und koordinierten Schutz. Andere Schutzbemühungen laufen unter anderem auf Sri Lanka mit Hilfe des Kölner Zoos. Um ihr Überleben zu sichern, kann es nicht genug Schutzprojekte geben.

Die Wildlife Conservation Society (WCS) des New Yorker Zoos berichtet auf ihrer Homepage, dass in Afrika zwischen 2010 und 2012 rund 100.000 Elefanten gewildert wurden, das heißt, alle 15 Minuten starb ein Elefant. Das sind schreckliche und bestürzende Zahlen. Daher unterstützt die WCS die Antiwilderei-Einheiten mit speziellen Softwareprogrammen und Trainingseinheiten. Zudem ist sie im Conkouati-Douli Nationalpark im Kongo aktiv. Seit 2014 haben sich die Elefantenbestände dort, gegen den Trend, durch die Schutzmaßnahmen positiv entwickeln können. Auch die Erweiterung von Schutzbereichen in Indien, genauer gesagt des Western Ghats, wurde maßgeblich durch die WCS vorangetrieben. All das zeigt, dass man etwas erreichen kann, wenn man es will. Wir müssen sie erhalten, die grauen Riesen.

NATIONAL WILDLIFE RESEARCH AND TRAINING CENTRE
Sri Lanka

41 Forschung für den Artenschutz

Sri-Lanka-Projekte Köln

Mit dem Bau des Elefantenparks verknüpft der Kölner Zoo seit einigen Jahren Natur- und Artenschutzarbeit für Elefanten auf Sri Lanka. Es geht um Wiederauswilderung, Forschung und das Management von Mensch-Tier-Konflikten. Obwohl Sri Lanka eine lange Tradition der Elefantenverehrung hat, kommt es verstärkt zu Konflikten (siehe Kapitel 37). Immer mehr Menschen beanspruchen das Land der Elefanten. Auf ihren Wanderungen werden ihnen die Wege von Straßen oder Elektrozäunen verbaut. Andererseits gelangen die Tiere auf Plantagen von Bauern und zerstören die Felder. Nicht selten kommen dabei Elefanten oder auch Menschen zu Schaden.

Daher hat der Kölner Zoo seit 2014 telemetrische Halsbänder finanziert und damit die Wiederaussiedlung von jungen Waisenelefanten mit vorbereitet. Mit Hilfe der Halsbänder können die langen Wanderungen der Tiere verfolgt werden. Mittlerweile kommen GPS-Halsbänder zum Einsatz, die die Bewegungen der Tiere direkt über Satellit weitergeben. Darüber hinaus unterstützen wir die Doktorarbeit einer jungen Studentin, Christin Minge, die das Sozialverhalten von wilden Elefantenbullen untersucht. All das liefert wissenschaftliche Erkenntnisse, die dann zum Erhalt der Elefanten und zum Miteinanderleben genutzt werden können.

Die Auffang- und Auswilderungsstation Udawalawe im Süden des Landes kümmert sich seit 1995 um junge Elefanten, die verletzt sind oder ihre Mütter verloren haben. Die Station wird seit Langem von Dr. Vijitha Perera geleitet. Die Tiere werden zunächst wieder aufgepäppelt und medizinisch versorgt. Danach werden sie in kleinen sozialen Gruppen im angrenzenden Nationalpark wieder ausgewildert. Die Mitarbeiter der Station kümmern sich außerdem um Mensch-Tier-Konflikte in der Region. Sie siedeln zum Beispiel »Problemelefanten« um oder verhandeln mit den Bauern Ausgleichszahlungen.

42 Die Anfänge der Elefantenhaltung in Europa

Das alte Elefantenhaus im Kölner Zoo als Beispiel

Elefanten wurden schon vor Hunderten Jahren gehalten und gezähmt, auch in Europa, sei es im Circus der Römer mit ihren Gladiatorenkämpfen, in Hannibals Heer, eben als Kriegselefanten, oder an Herrschaftshäusern und später in Zirkussen und zoologischen Gärten.

Nach Deutschland gelangten die ersten Tiere in der Mitte des 19. Jahrhunderts, als die ersten zoologischen Gärten gegründet wurden, so unter anderem 1844 Berlin oder 1860 Köln. Im Kölner Zoo werden seit 1864 Elefanten gezeigt und seit 2006 in einer modernen Anlage regelmäßig gezüchtet. Das alte Giraffen- und Antilopenhaus, welches 1863 im maurischen Stil errichtet wurde, war jahrzehntelang der Ort, an dem die Elefanten im Zoo lebten. In den 1870er Jahren wurde das Haus um einen etwas niedrigeren, polyedrischen Anbau erweitert und trug seitdem die Bezeichnung Elefantenhaus.

Die ersten Elefanten in den Anfängen ihrer Haltung in zoologischen Gärten stammten aus freier Wildbahn beziehungsweise aus Arbeitselefantencamps in Asien. Die Tiere wurden in den Ursprungsländern »gebrochen«, das heißt überwiegend mit Zwang gefügig gemacht und abgerichtet. Es war normal, dass sie angekettet gehalten wurden. In unserer westlichen Welt werden die Elefanten heute nur noch zu Behandlungen, zum Beispiel durch den Tierarzt, kurz angekettet. Dies dient der Sicherheit von Elefant und behandelnden Menschen gleichermaßen.

Elefantenbullen wurden früher nur selten gezeigt und wenn, dann wurden sie separat, einzeln gehalten. Die Anlagen waren meist massiv vergittert, um die starken Tiere am Ausbruch zu hindern. Erst Hagenbeck in Hamburg begann Wasser- und Trockengräben als Absperrung zu nutzen. Im 19. Jahrhundert waren Elefantengeburten in zoologischen Gärten extreme Seltenheiten.

43_Zeitgemäße Elefantenhaltung

Der Elefantenpark im Kölner Zoo

Bereits in den 1990er Jahren war uns klar, dass in das alte Elefantenhaus im Kölner Zoo kein neuer Elefant einziehen würde. Wie in jedem anderen zoologischen Garten musste man sich entscheiden, die charismatischen Riesen entweder nach den modernsten tiergärtnerischen Gesichtspunkten zu halten oder deren Haltung anderen zu überlassen. Sollten weiterhin Elefanten gezeigt werden, musste ein Neubau her. Heute wird von den Mitgliedern des Europäischen Zooverbandes erwartet, eine Anlage zu bauen, in der ein bis zwei Bullen nebst Kuhherde zur Zucht oder eine Junggesellengruppe gehalten werden können. Einige wenige Zoos haben die Aufgabe übernommen, betagte, weibliche Tiere zu halten, quasi im Altersheim.

Am 19. September 2004 wurde der Elefantenpark im Kölner Zoo eingeweiht. Auf rund zwei Hektar Fläche war das neue, hochmoderne und große Gehege entstanden, in dem bis zu 20 Tiere in ihrem natürlichen Sozialverband leben können.

Hier wird im geschützten Kontakt gearbeitet, das heißt, der Tierpfleger betritt das Gehege nicht mehr, solange sich die Tiere darin befinden. Den Elefanten wird ermöglicht, in natürlichen Verhältnissen zu leben. Darüber hinaus gibt es zwei Zuchtbullen, die in wechselnder Folge mit der Herde oder einzelnen Kühen vergesellschaftet werden. Das entspricht dem Verhalten im Freiland. Selbst bei der Geburt werden hier die Kühe nicht mehr abgesondert, sondern gebären in der Gruppe. Aus einer ursprünglichen »Patchworkfamilie« wird in Köln so eine gewachsene Gruppe entstehen. Wir sind schon in der zweiten Filialgeneration: Zwei Kühe, die bei uns geboren wurden, haben selbst Junge. Die Tiere werden über den Tag mit Futter beschäftigt, haben ständig Zugang zu Badebecken, dürfen zwischen Innen- und Außengehege wählen und vieles mehr. Moderne, tier- und fachgerechte Elefantenhaltung ist möglich.

44 Wer war Abul Abbas?

Ein berühmter Elefant

Der Elefant Abul Abbas wurde höchst ehrenvoll nach dem kriegerischen Ahnherrn der Abbasiden-Dynastie (750 bis 1258 nach Christus) benannt. Er war der erste namentlich und urkundlich belegte Elefant nördlich der Alpen. Der Kalif von Bagdad, Harun al-Raschid, schenkte das wertvolle Tier dem fränkischen Kaiser Karl dem Großen. Wahrscheinlich stammte es ursprünglich aus Indien und wurde dem Kalifen selbst zum Geschenk gemacht. Obwohl es einiges gibt, was sich historisch gesichert über dieses einzigartige Tier sagen lässt, finden sich immer wieder unterschiedliche Geschichten.

Im Jahr 801 machte sich eine Delegation des Kalifen zusammen mit einem Gesandten Karls des Großen, dem jüdischen Kaufmann Isaak, und dem grauen Riesen von Bagdad aus auf den Weg ins Frankenreich. Mit dem Schiff ging es von Tunis aus über das Mittelmeer. Im Oktober landete die exotische Gruppe in Portovenere bei La Spezia in Ligurien. Überwintert wurde im Städtchen Vercelli, südlich des Lago Maggiore. Nach der Schneeschmelze überquerte die Gesandtschaft die Alpen, wahrscheinlich über die Brenner-Route. Am 20. Juli 802, nach über 5.000 Kilometern, erreichten sie schließlich Aachen, die Residenz Karls des Großen. Bei seinen feierlichen Auftritten und Reisen führte der Kaiser das exotische Wundertier mit, wahrscheinlich um seine Macht zu unterstreichen. Im Jahre 804 nach Christus soll der furchteinflößende Riese auch bei einem Feldzug gegen die aufsässigen Friesen seine Wirkung getan haben. Acht Jahre lebte Abul Abbas in Aachen. Wie er schließlich im Jahr 810 zu Tode gekommen ist, wurde nie genau erklärt. Vermutlich starb er nach einer Rheinüberquerung. Im 18. Jahrhundert sollen angeblich seine Knochenreste auf einem Feld nahe dem Flusslauf gefunden worden sein.

Einige beschreiben Abul Abbas als weißen Elefanten, aber dafür gibt es keine validen Quellen.

45 Hanno

Der Elefant des Papstes

Einzelne, herausragende Elefantengeschichten finden sich immer wieder. Überall, selbst in Europa, gab es besondere Elefanten. Einer von ihnen ist Hanno. Es war ein Indischer Elefant, der Papst Leo X. von König Emanuel I. von Portugal zum Geschenk gemacht wurde. Er kam um 1514 nach Christus nach Rom und schlich sich schnell in das Herz des Papstes.

Hanno wurde als Jungtier von Alfonso de Albuquerque, dem damaligen Gouverneur von Indien, nach Europa verschifft und lebte zunächst in Portugal. Es gab einen guten Grund, warum der Papst ein so wertvolles Geschenk erhielt: Er spielte seit dem Vertrag von Tordesillas (1494) eine besondere Rolle im Hinblick auf die Abgrenzung der spanischen und portugiesischen überseeischen Besitzungen. König Emanuel I. von Portugal wollte sich die Gunst des Papstes sichern, denn es ging darum, sich im lukrativen Gewürzhandel gegenüber den Spaniern zu behaupten.

Die Reise nach Rom begann wieder per Schiff. Von Lissabon zur italienischen Küste verlief sie problemlos. Alte Berichte besagen, dass es an Land schwieriger wurde, weil die Neugier der Bevölkerung auf das »Riesengeschöpf« die notwendigen Rasten erschwerte. In einem Gasthaus in Corneto soll es sogar dazu gekommen sein, dass das Dach des Hauses unter der Last der Neugierigen zusammenbrach. Alle wollten das »Untier« anschauen, wer hatte zu dieser Zeit schon einmal einen Elefanten gesehen!

Letztlich hielt Hanno in einer Art Triumphzug Einzug in Rom. Hier erhielt er den italienischen Namen Annone und wurde in der Menagerie des Papstes in einem eigenen Gebäude in den vatikanischen Gärten untergebracht. Sein Betreuer wurde Giovanni Battista Branconio dell'Aquila. Das war der Kammerherr des Papstes. Hanno verstarb am 8. Juni 1516 infolge einer Verstopfung. Man hatte ihn mit einem mit Gold angereicherten Abführmittel behandelt, heißt es.

46 Marlar, Moma & Co

Geschichte der Elefantenhaltung im Kölner Zoo

Seit Mitte des 19. Jahrhunderts werden im Kölner Zoo Elefanten gehalten. Der erste Direktor, Dr. Heinrich Bodinus, präsentierte den Zoobesuchern am 29. September 1864 einen prächtigen Ceylon-Elefanten. Aber nicht nur normale Besucher, sondern auch Taschendiebe, so können Sie in alten Zeitungen nachlesen, kamen und nutzten das Gedränge vor dem Gehege für sich.

Der erste »kölsche« Elefant lebte nicht im heute bekannten alten Elefantenhaus. Vielmehr gab es ein »Haus für alle Fälle« in der nordwestlichen Ecke des Zoologischen Gartens, wo er untergebracht wurde. Er lebte dort mit einem schwarzen Zwergpferd. Es ist bekannt, dass er auf Befehl alle möglichen Kunststücke vorführte und sich nie widerspenstig oder bösartig zeigte. Er wurde gar durch den Zoo geführt, ging aber niemals ohne seinen Kameraden, das schwarze Zwergpferd. Mitunter stoppte er am Restaurant und trank, wenn man es ihm reichte, gern ein Bier – sicher ein Kölsch.

Selbst für politische Zwecke wurde der Elefant eingesetzt. Am 22. Juli 1865 sollte verhindert werden, dass der preußische Polizeipräsident das Zusammentreffen der im Kölner Zoorestaurant weilenden rheinischen Abgeordneten beendete. Dr. Bodinus machte von seinem Hausrecht Gebrauch und hielt mit seinem Elefanten den Haupteingang besetzt. Das wäre heute im geschützten Kontakt bei uns gar nicht mehr möglich. Nachdem dieser Elefant schwer erkrankte und 1871 verstarb, kamen bereits 1872 zwei neue Elefanten in den Zoo. Das führte dazu, dass das alte Giraffen- und Antilopenhaus zum Elefanten- und Antilopenhaus umgebaut wurde. Den Eingang des denkmalgeschützten Gebäudes ziert bis heute ein Elefantenkopf.

Im Laufe der Jahrzehnte wurden im Kölner Zoo immer Elefanten gezeigt, doch mit dem Elefantenpark 2004 und der Geburt von Marlar 2006 begann ein neues Zeitalter, die Haltung unter modernen Gesichtspunkten zur Erhaltung der grauen Riesen.

47 Ein malender Elefant?

Tanga aus dem Kölner Zoo

1969 kamen zwei afrikanische Elefantenkühe in den Kölner Zoo. Die fünfjährige Tanga und die dreijährige Pretti. Beide wurden im Elefantenhaus nach dessen Umbau mit den drei asiatischen Elefantenkühen Rani, Savani und Mithuri vergesellschaftet. Tanga wurde später die Leitkuh.

Sie war ein sehr intelligentes Tier, sehr feinfühlig und konnte sogar Ein-Pfennig-Stücke aufheben. Sie war auch immer sehr vorsichtig, wenn sie während der Elefantenschule, die zweimal täglich für die Zoobesucher abgehalten wurde, über den Tierpfleger steigen musste. Wenn dieser mal nicht richtig lag, wollte Tanga sich auch nicht hinlegen, um ihn nicht zu berühren. Zwischen Tanga und Brian Batstone bestand immer eine besondere Bindung.

Dass sie sehr intelligent war, ist sogar nachgewiesen. Wissenschaftlerin Eva Krümmel untersuchte die taktilen Unterscheidungsempfindlichkeiten des Rüssels. Hierfür musste Tanga blind die Größe von zwei Kunststoffscheiben unterscheiden. Sie schnitt mit ihrem Ergebnis besser ab als Asiatische Elefanten und sogar Menschen in Vergleichsstudien.

Eines Tages beobachteten die Pfleger, dass Tanga auf der Außenanlage mit einem Stock im Sand malte. Brian Batstone dachte, dass man diese Fertigkeit ausbauen könnte, und besorgte einen Pinsel, etwas Farbe und Packpapier. Da Tanga den Pinsel nicht gut greifen konnte, schnitt man ihn ab und steckte ihn in einen Tennisball. Es war nicht weiter schwer, Tanga beizubringen, auf Papier zu malen. Eigentlich machte sie von Anfang an alles richtig. Später bat Prof. Dr. G. Nogge, der damalige Zoodirektor, doch gleich auf eine Leinwand zu malen. Die Bilder verkauften sich sehr gut, und der Erlös kam verschiedenen Naturschutzprojekten zugute. Leider verstarb Tanga 1997 im Alter von nur 33 Jahren. Noch heute befinden sich Bilder von ihr im Eigentum des Zoos. Es war ein großes Vergnügen, mit ihr zu arbeiten.

48 Der größte Bulle Europas

Bindu

Bindu wurde 1969 auf Sri Lanka geboren. Sein Name bedeutet so viel wie »ein Tropfen Wasser«. Er kam 1977 aus dem Sri Lankan National Zoological Garden in den Zoo Port Lympne in Großbritannien, danach zog er nach Köln um. Derzeit ist Bindu wohl der älteste noch züchtende asiatische Elefantenbulle im Zuchtprogramm der europäischen Zoos.

Er weist eine Schulterhöhe von 3,20 Metern auf, damit ist er angeblich der größte asiatische Elefantenbulle in Europa.

Seit mehreren Jahren lebt er mit dem 30 Jahre jüngeren Sang Raja zusammen. Bisher verstehen sich beide gut.

Die Stoßzähne hat sich Bindu auf beiden Seiten abgebrochen, lediglich auf der rechten Seite schaut ein Stück am Rüsselansatz heraus. Um wie viel imposanter würde er erscheinen, wenn er lange Stoßzähne hätte! Ein weiteres seiner markanten Merkmale ist die fehlende Schwanzquaste. Vermutlich hat sie ihm ein anderer Elefant in jungen Tagen abgebissen, so etwas kommt immer wieder bei Elefanten vor, auch im Freiland.

Dieser Bulle kam als »proven breeder«, aber auch als »proven killer« in den Kölner Zoo. In Großbritannien hat er im Vollkontakt vor vielen Jahren einen Pfleger getötet. Dieses war ein Grund dafür, dass der Kölner Zoo auf geschützten Kontakt umgestellt hat. In dieser Haltungsform ist Bindu recht umgänglich, dennoch ist stets Vorsicht geboten.

Bindu ist der erste Elefant im Kölner Zoo, bei dem wir mit dem Targettraining begannen. Anfangs war es schwierig, und er brauchte Zeit, sich an Target und Zwangsstand (siehe Kapitel 61) zu gewöhnen. Später arbeitete er gut mit, da wir ihm Auszeiten gaben, wenn er nicht wollte. Mit Hilfe von Belohnung und ruhigen Kommandos lief und läuft alles gut. Wir haben nach vielen Jahren sogar versucht, ob er noch singhalesische Kommandos verstand. Das erstaunliche Ergebnis: Selbst nach über 30 Jahren wusste er, was man von ihm wollte.

49 Ne jecke Elefant?

Jung Bul Kne

Wo kann es überhaupt einen »jecken Elefanten« geben? Na klar, nur in der Hauptstadt der Narren, in Köln am Rhein, da gibt es das. Was steckt dahinter?

Nun, am 26. Januar 2017 bekam die asiatische Elefantenkuh Maha Kumari ein männliches Jungtier. Es ist das erste Jungtier der sogenannten zweiten Filialgeneration im Kölner Zoo, denn schon die Mutter wurde 2007 hier geboren. Das Kalb kam quasi mitten in der Karnevalssession zur Welt.

Die Tollitäten Prinz Stefan I. (Stefan Jung), Bauer Andreas (Andreas Bulich) und Jungfrau Stefanie (Stefan Knepper) hatten die tolle Idee, in ihrer Amtszeit auch Spendengelder für die Erweiterung des Spielplatzes im Zoo zu sammeln. Die Vergrößerung des Spielplatzes erfolgte im Zuge des Baus der neuen Anlage für asiatische Wildrinder, genauer gesagt Bantengs (*Bos javanicus*), im Sommer 2017. So hat das sogenannte Dreigestirn der Session 2016/17 das von ihm gesammelte Geld gut angelegt. Sie haben über die Session hinaus etwas hinterlassen, was von vielen Generationen von Kindern genutzt werden kann. Der beliebte Spielplatz in Form einer Abenteuerlandschaft mit gestrandeten Schiffen und Kletterparcours ist ein Muss für jeden kleinen Zoobesucher und bietet jetzt noch mehr Möglichkeiten zum Toben. In direkter Nachbarschaft können die imposanten Bantengs, aber auch die Asiatischen Elefanten bestaunt werden.

Als Dank dafür hatte sich der Kölner Zoo entschieden, den neugeborenen Elefantenbullen nach den drei Herren zu benennen: Jung Bul Kne. Das klingt asiatisch, steht aber einfach für die Nachnamen der Herren Jung, Bulich und Knepper.

Ähnlich wurde übrigens schon 2006 bei der Namensgebung verfahren, als eine Kölner Zeitung um Namensvorschläge für einen neugeborenen Elefantenbullen bat. Heraus kam damals: Ming Jung (siehe Kapitel 53).

50 Junge Mütter

Maha Kumari, die Mutter von Jung Bul Kne

Maha Kumari wurde am 9. Mai 2007 im Kölner Zoo geboren. Sie ist der dritte Elefant, der hier zur Welt kam. Sie hat sehr große Eltern, Bindu und Thi Ha Phyu, und ist selbst eine große Kuh. Ihre Kennzeichen sind ein langer Schwanz und recht hohe Beine. Schon immer hat sie gern mit den anderen Jungtieren gespielt. Jetzt ist sie, seit April 2017, selbst Mutter und führt ihren Sohn Jung Bul Kne, dessen Vater Sang Raja ist. Sie ist ein Beispiel dafür, wie junge Mütter in der Herde den Umgang miteinander, aber vor allem mit den Jungtieren lernen.

Die Geburt von Jung Bul Kne fand, wie die anderen im Kölner Zoo, in der Gruppe statt. Leitkuh, Tanten und Mütter leisten hier gewissermaßen Sozialarbeit, sie kümmern sich um die trächtigen Kühe und um die Jungen. Sie erziehen, leiten an und passen auf. All das hat Maha Kumari, so wie andere junge Mütter, die in Elefantenherden groß werden, quasi von Kindesbeinen an miterlebt und verinnerlicht. Und das zeigt sich in der hervorragenden Art und Weise, wie sie sich um ihr Bullenkalb kümmert. Dies ist bei jungen Müttern nicht immer der Fall. Mitunter müssen andere Kühe unterstützen oder eingreifen, zum Beispiel dann, wenn ein Jungtier mal ins Wasser fällt und die Tanten mithelfen, es wieder sicher an Land zu bringen. Manche Mütter werden von den Tanten auch angehalten (man könnte gar sagen gezwungen), die Jungtiere trinken zu lassen, wenn sie dies verweigern, da sie es nicht gewohnt sind. Dieses Verhalten konnten wir selbst schon im Kölner Zoo und in der Natur beobachten.

Eine interessante Geschichte gibt es aus dem Berliner Zoo zu berichten. Hier war eine erstgebärende, junge Mutter so groß und ihr Jungtier so klein, dass dieses nicht bei ihr trinken konnte. Was tun, fragte man sich. Nun, die Pfleger stellten ein paar Paletten unter die Mutter, und schon kam das Jungtier an die begehrte Milchquelle – gewusst wie.

51 Die Matriarchin

Kreeblamduan

Die Elefantenherden werden immer von einer meist älteren, sehr erfahrenen Leitkuh geführt. Sie wird als Matriarchin bezeichnet. Die Leitkuh kennt sich aus, weiß, wo die Wasserstellen sind und wo auch in Dürrezeiten noch Wasser zu finden ist. In der restlichen Herde gibt es, wie in Sozialsystemen üblich, eine Rangordnung, die sich zum Beispiel dadurch verändern kann, dass eine Kuh Mutter wird und im »Ansehen« steigt.

Die jetzige Leitkuh der Kölner Elefantenherde heißt Kreeblamduan. Sie stammt aus Thailand und wurde dort 1984 geboren. Der Kölner Zoo holte sie und fünf weitere Elefantenkühe im Jahr 2006 aus dem Ayutthaya Elephant Palace and Royal Kraal mit dem Flugzeug nach Deutschland. Sie ist für Elefantenkühe ein recht großes Tier. Sie hat hoch laufende Wülste über den Augen und behaarte Kopfwülste. Zudem weist sie breite Streifen mit fehlender Pigmentierung entlang der Ohrränder auf. Ihren Schwanz ziert eine dicht behaarte Quaste.

Als die Elefanten unterschiedlicher Herkunft in Köln zusammengeführt wurden, musste Kreeblamduan sich der Elefantenkuh Thi Ha Phyu unterordnen, welche zunächst die Leitkuhrolle übernahm. Einige Jahre später allerdings wurde sie von Kreeblamduan ohne große Rangeleien abgelöst, die jetzt von den übrigen Herdenmitgliedern als die »Chefin« respektiert wird. Thi Ha Phyu hatte körperlich abgebaut und »Kree«, wie die Pfleger sie gern rufen, die Leitung überlassen.

Obgleich Kree sich um alle Jungtiere und die Herde insgesamt kümmert, nahm sie ihr Jungtier, welches am 12. Juni 2017 geboren wurde, nicht an. Nach nur sechs Tagen erkrankte dieses stark. Es musste eingeschläfert werden. Vielleicht hatte ihr siebter Sinn ihr verraten, dass mit dem Jungen etwas nicht stimmte.

Im Vergleich zu Leitkühen in der Natur hat Kree einen deutlich einfacheren Alltag. Futter und Wasser stehen allen Tieren stets zur Verfügung, sie muss die Herde nicht dort hinführen.

52 Premiere im Kölner Zoo

Marlar

Am 30. März 2006 wurde der erste Elefant im Kölner Zoo geboren. Das kleine Kalb erhielt den Namen Marlar, das ist Burmesisch und bedeutet so viel wie Blume oder Blüte. Ihre Mutter Khaing Lwin Htoo kam bereits trächtig aus Emmen. Vater Radza lebt noch immer in Thailand. Monatelang hatten wir Nachtwache gehalten, aber am Morgen der Geburt wurde es dem damaligen Direktor Prof. Dr. Gunther Nogge zu bunt: Er begab sich mit einigen Mitarbeitern auf seine Morgenrunde durch den Zoo. Kaum aber waren sie aus der Halle, erfolgte die Geburt – Pech gehabt.

Marlars Mutter musste, als das Jungtier selbst gerade einmal neun Monate alt war, wegen einer nicht zu heilenden Erkrankung eingeschläfert werden. Es gelang dem Team des Elefantenparks des Kölner Zoos aber, dafür zu sorgen, dass Marlar in der Gruppe aufgezogen werden konnte. Laongdaw nahm sich des Kalbs an und hat noch heute eine ganz besondere Beziehung zu ihm.

Die ersten zwei Jahre ihres Lebens wurde Marlar durch die Pfleger mit Milch versorgt. Hierzu hatten sie ihr beigebracht, die Milch zuerst aus einer Flasche, dann aber aus einem Eimer zu trinken. Mehrmals täglich, anfangs sogar nachts, wurde Marlar so mit der ihr zustehenden Extraportion Milch versorgt. Dazu wurde sie immer wieder aus der Herde geholt und in einer Box getränkt, damit ihr die anderen die Milch nicht streitig machten. Später nahm sie immer mehr selbstständig Nahrung auf. Sie entwickelte sich prächtig und wuchs in diesem System, von den Tierpflegern versorgt und dennoch als Elefant im sozialen Herdenverband, wohlbehalten auf.

Am 20. März 2017, also fast genau elf Jahre nach ihrer Geburt, bekam sie selbst ein Jungtier. Es ist ein kleiner Bulle, der in Anlehnung an das ARD-Morgenmagazin Moma heißt. Jetzt zeigt sich, wie gut die Aufzucht in der Herde war, denn sie kümmert sich vorbildlich um ihren Sohn.

53 Ne kölsche Jung

Ming Jung

Das zweite im Kölner Zoo geborene Jungtier war ein Bulle namens Ming Jung. Er wurde am 16. April 2007 morgens im Beisein aller weiblichen Elefanten geboren. Sein Vater ist Plai Kongka und seine Mutter Tong Koon, beide stammen aus Thailand. Er war ein aufgewecktes Jungtier, das nur einen Monat später Gesellschaft von Maha Kumari bekam (siehe Kapitel 50).

Marlar reagierte am Anfang eifersüchtig auf den Familienzuwachs, da sie sich nun die Aufmerksamkeit der Tanten teilen musste. Wenig später war Ming Jung alt genug, um mit Marlar zu baden und zu toben. Sie spielten, oft begleitet von Maha Kumari, so lange, bis die beiden Jüngsten erschöpft umfielen und schlafen mussten. Marlar, die nur wenig größer war, ahmte das Tantenverhalten nach und stellte sich schützend über die beiden Kleinen. Manchmal fielen dann auch ihr die Augen zu, und sie hatte Mühe, aufrecht stehen zu bleiben. Doch lange Pausen waren Ming Jung nicht vergönnt. Sobald Marlar genug geruht hatte, trat sie ziemlich ruppig nach ihm, um ihn aufzuwecken, und das Spiel der Elefantenkälber begann von vorn.

Im Rahmen des Europäischen Erhaltungszuchtprogramms für Asiatische Elefanten verließ Ming Jung am 12. Juli 2012 den Kölner Zoo. Er lebt heute in einer Junggesellengemeinschaft im Zoo von Antwerpen (Belgien) zusammen mit dem fünfjährigen Assam aus Hamburg. Seinen Namen erhielt er nach einem Aufruf in der Kölner Zeitung »Express«. Der am häufigsten vorgeschlagene Name war Ming Jung. Der zweitmeistgenannte Name war Benedetto, in Anlehnung an den Papstbesuch im Jahr 2007. Viele Menschen außerhalb von Köln bemerken nicht, dass Ming Jung kein thailändischer, sondern ein kölscher Name ist, der asiatisch klingt, aber »op Kölsch« lediglich »mein Sohn« bedeutet. Es ist nicht ausgeschlossen, dass dieser Elefantenbulle eines Tages wieder nach Köln zurückkehrt und hier vielleicht sogar züchten kann.

54 Moma us Kölle

Das Patenkind des ARD-Morgenmagazins

Moma, der am 20. März 2017 im Elefantenpark des Kölner Zoos geborene Elefantenbulle, ist in verschiedenster Hinsicht etwas ganz Besonderes. Zum einen ist er das erste Jungtier von Marlar, dem ersten je im Kölner Zoo geborenen Elefanten. Marlar ist daher in ganz Köln und Umgebung recht bekannt. Damit ist der kleine Bulle bereits die zweite Generation, die im Zoo der Domstadt gezüchtet wurde.

Aber nicht nur das, nein, Moma ist die Abkürzung für das ARD-Morgenmagazin. Grund für diese Namensgebung ist, dass das Morgenmagazin die Patenschaft für den kleinen Elefanten übernommen hat. So kommt es, dass er quasi ab den ersten Lebenstagen regelmäßig auch im Fernsehen zu sehen war. Auf diese Weise gelingt es uns und der ARD gemeinsam, Elefanten und ihre Probleme bundesweit in das Bewusstsein der Bevölkerung zu rufen und über sie im Allgemeinen sowie speziell über ihre Probleme im Freiland, über Natur- und Artenschutzprojekte zu berichten. Dies gipfelte in der WDR-Reportage mit Sven Lorig »Rettet die Elefanten! – Unser Zoo hilft auf Sri Lanka«.

Vater von Moma ist übrigens Sang Raja aus dem Zoo von Singapur. Moma war von Anbeginn recht verspielt und aufgeweckt. Der kleine Bulle weist eine behaarte Gesichtspartie am Rüsselansatz auf, woran Sie ihn von den anderen beiden im Jahr 2017 geborenen Jungbullen, die mit ihm zusammen die Anlage und das Leben der ganzen Herde bereichern, gut unterscheiden können.

In einigen Jahren, spätestens nach Erreichen der Geschlechtsreife, wird Moma etwa im Alter von zehn Jahren im Rahmen des zuständigen Erhaltungszuchtprogramms den Kölner Zoo verlassen. Schon heute beginnen die Überlegungen, in welchen Zoo er einmal umziehen soll. Das Zuchtmanagement in zoologischen Gärten ist langfristig und weitsichtig angelegt, und wir werden sicher ein gutes neues Zuhause für ihn finden.

55_Junge Bullen

Er mag sie alle

Junge Elefantenbullen verlassen mit etwa sechs bis zehn Jahren die Herde. Sie müssen dann ihren eigenen Weg gehen. Manche Elefantenbullen schließen sich zu Junggesellengruppen zusammen, andere werden, zumindest zeitweise, zu echten Einzelgängern, die allein durch ihr Revier ziehen. Die Zusammensetzung der Junggesellengruppen variiert immer wieder.

Im Kölner Zoo versuchen wir die natürliche Lebensweise nachzustellen. Wir halten seit 2004 zwei ältere Bullen, 2018 sind sie 19 und 50 Jahre alt, erfolgreich zusammen. Der erfahrene Bulle erzieht und sozialisiert den jüngeren Bullen, Sang Raja. Dieser stammt aus dem Zoo von Singapur, sein Vater Lasha und seine Mutter Sri Nadong leben dort heute noch. Seine besonderen Kennzeichen sind die großen, gebogenen Stoßzähne. Er ist insgesamt etwas dunkler als die anderen Elefanten im Kölner Zoo und hat hohe Beine. Es ist ein ausgesprochen schöner Elefantenbulle.

Eine solche Haltung von mehr als einem Bullen, zusammen mit einer Herde, ist noch selten in Zoos zu finden. Umso wichtiger sind die Erfahrungen, die wir sammeln, damit wir sie auf die Elefantenhaltung in anderen zoologischen Gärten übertragen können.

Grundsätzlich sind junge Bullen gelegentlich rüpelhaft und kleine große Raufbolde, das kennen wir auch von vielen anderen Tierarten. Sie messen immer wieder ihre Kräfte. Wie wichtig die Sozialisation junger Bullen ist, musste man in Namibia erfahren. Dort versuchten die Elefantenbullen, sich aus Mangel an weiblichen Elefanten mit Breitmaulnashornweibchen (*Ceratotherium simum*) zu paaren. Aus Frust über die missglückten Begattungsversuche wurden diese letztlich sogar von den Elefantenbullen getötet. Wie konnte es dazu kommen? Bei den Elefantenbullen handelte es sich um Waisenkinder, die als solche in den Nationalpark gebracht wurden. Ihnen hat die normale Sozialisation durch die Mutter, die Herde und/oder andere Bullen gefehlt.

56 _ Sorgenkind aus Sri Lanka

Namal

Namal ist ein Elefantenbulle, der in Sri Lanka lebt. Der 2017 sechsjährige Dickhäuter wurde vor einigen Jahren von einer Gruppe Fischer im Ampara District im Osten von Sri Lanka gefunden. Das Tier war mit einem Fuß in eine Schlinge geraten. Es wurde in das Elephant Transit Home (ETH), eine Art Waisenhaus für Elefanten in Udawalawe im Süden Sri Lankas, verbracht. Die Wunde wurde versorgt, eiterte und veränderte sich aber so stark, dass operiert werden musste. Während des langwierigen Eingriffs wurde entschieden, das Bein teilzuamputieren, um das Leben des Elefanten zu retten. In der viel zitierten freien Wildbahn hätte das Elefantenjungtier keine Überlebenschance gehabt! Es überstand die außergewöhnliche und schwierige Maßnahme gut. Doch nun musste eine Prothese her, damit es sich wieder halbwegs normal fortbewegen konnte.

Eine Zeit lang lief alles bestens, doch Namal wuchs heran, die Prothese, eine teure Spezialanfertigung, passte nicht mehr. Eine neue musste her, doch dem ETH fehlte das Geld. Bei einem Besuch des kaufmännischen Vorstands des Kölner Zoos, Christopher Landsberg, und des ehemaligen Reviertierpflegers des Elefantenparks im Kölner Zoo, Brian Batstone, wurde dies diskutiert. Schnell war klar, der Kölner Zoo wird helfen. Unmittelbar nach der Rückkehr aus Sri Lanka erfolgte ein Aufruf in den Medien. Die Spendenaktion des Kölner Zoos brachte schnell 15.000 Euro ein.

Die Prothese wurde in Auftrag gegeben und konnte im November 2017 im Beisein von Zoodirektor Prof. Theo B. Pagel und Brian Batstone übergeben und angebracht werden. Die neue Prothese ist innen gepolstert und aus einem speziellen, nicht verrottenden Material. Das Tier wiegt jetzt schon 1,5 Tonnen. Insofern musste die Prothese gut sitzen und sehr stabil sein. Doch Namal wächst weiter, sodass auch in Zukunft neue Prothesen vonnöten sein werden.

57_Sie sind einfach populär

Elefanten in Kinofilmen, Comics und im Logo

Elefanten üben auf uns Menschen seit jeher eine besondere Wirkung aus. Sie ziehen uns in ihren Bann durch ihre Größe, ihr Sozialverhalten und überhaupt. So ist es nicht erstaunlich, dass Elefanten selbst in der Kunst immer wieder zu finden sind, unter anderem in Salvador Dalís Gemälde »Schwäne spiegeln Elefanten« aus dem Jahr 1937.

Kein Wunder, dass der Elefant als Logo, in der Werbung oder in Film, Funk und Fernsehen immer wieder auftaucht. Es gibt unzählige Beispiele dafür, so Benjamin Blümchen, den berühmten Zooelefanten, dessen »Törööö« viele Kinder lieben. Auch Walt Disneys Dumbo, den fliegenden Elefanten, kennen die meisten von uns noch aus ihrer Jugend. Andere Beispiele sind Babar oder der kleine blaue Elefant aus der bekannten und beliebten »Sendung mit der Maus«. Hersteller von Produkten und Speditionsfirmen haben sich den Elefanten immer wieder als Logo ausgesucht, gleich ob es um Spielzeug oder um Schuhe geht. Der Elefant ist einfach positiv besetzt.

Schauen Sie sich einmal das Logo des Kölner Zoos an. Der Elefant wurde ganz bewusst hierfür gewählt, schließlich ist die Elefantenhaltung doch ein Schwerpunkt des Kölner Zoos. Aber wer genauer hinschaut, der bemerkt, dass hier viel mehr zu sehen ist: Zwischen den Vorderbeinen und dem Rüssel erkennt man eine Giraffe. Sie steht für Weitsicht. Unter dem Bauch findet sich ein Nashorn, das für Abenteuer und Spannung steht. Und wer ganz genau hinsieht, der bemerkt, dass das Auge des Elefanten ein Stern ist, in Anlehnung an den Stern der Heiligen Drei Könige, deren Gebeine im Kölner Dom ruhen. Er möge dem Zoo stets die richtige Richtung weisen. Und noch ein weiterer Kölnbezug ist zu finden. Hatte die KoelnMesse 2007 die Domspitzen aus ihrem Logo verbannt, so hat der Kölner Zoo als Zeichen der Verbundenheit ganz bewusst den Dom zwischen den Hinterläufen des Elefanten platziert.

58 Wie hält man Elefanten?

Haltungssysteme in Menschenhand

An dieser Stelle wollen wir kurz die Haltungssysteme in Menschenhand ansprechen und genauer vorstellen.

Die traditionelle Haltung der Elefanten beruht auf direktem Kontakt, auch *full* oder *free contact* genannt. Dies ist dasjenige System, das viele sicher aus dem Zirkus oder den Herkunftsländern der Elefanten, beispielsweise Sri Lanka, kennen. Vielleicht haben Sie es schon einmal im Urlaub gesehen. Bei dieser Art der Haltung muss der Tierpfleger gegenüber dem Tier stets das »Alphatier« sein, sich also gegenüber dem ja viel größeren und kräftigeren Elefanten, mit Ausnahme von Jungtieren, durchsetzen.

Heute werden Elefanten in Mitteleuropa und den USA zunehmend im sogenannten geschützten Kontakt, auch *protected contact* genannt, gehalten. Hierbei steht der Elefantenpfleger nicht mehr direkt am beziehungsweise neben dem Tier. Stets gibt es zwischen dem Tier und den Menschen eine Barriere, meist ein stabiles Gittersystem. Dennoch wird mit den Elefanten gearbeitet, sie müssen bestimmte Befehle befolgen, damit man sie untersuchen, behandeln und generell händeln kann. Der Tierpfleger greift auf diese Art und Weise weniger in das Sozialsystem der gehaltenen Elefanten ein. Zudem kann er das Verhalten positiv verstärken, durch Lob oder ein »Leckerli« (*positive reinforcement*).

Ein drittes Haltungssystem ist die Haltung ohne Kontakt (*hands off*). Dabei werden die Tiere sich selbst überlassen, meist auf sehr großen Anlagen. Die Elefanten werden nicht beeinflusst und sind nicht trainiert. Körperpflege und Beschäftigung durch den Pfleger entfällt. Es gibt Tierschützer, die meinen, dies sei die beste Art und Weise, Elefanten zu halten. Wir halten diese Methode nicht für befürwortenswert. Die beiden Autoren plädieren klar für geschützten oder Vollkontakt. Beide Haltungssysteme haben aber ihre Vor- und Nachteile. In den folgenden Kapiteln stellen wir sie Ihnen näher vor.

59_Hands off

Nicht am Tier, kaum Kontrolle

Im vorherigen Kapitel haben wir sie schon kurz dargelegt, die Haltung von Elefanten ohne Kontakt (»hands off«). Hierbei werden Elefanten auf meist sehr großen Anlagen gehalten, und der Mensch als ihr Pfleger und Fürsorger greift nicht in ihren Bereich ein. Das birgt aus unserer Sicht eine ganze Reihe von Risiken, auch wenn die Befürworter der Meinung sind, dass dies eine gute Möglichkeit ist, Elefanten zu halten, da sie so fast völlig unbeeinflusst vom Menschen leben. Doch Untersuchungen am Tier, die tiermedizinischen Behandlungen, von der Prophylaxe bis hin zur notwendigen Untersuchung und Behandlung, sind so kaum mehr möglich. Man verliert die Kontrolle über die Tiere und kann nicht mit ihnen agieren. Die Tiere stets in Narkose zu legen, leicht anzusedieren oder gar ohne Training in einen sogenannten Zwangsstand zu sperren, lehnen wir ab. In einem Zwangsstand kann man Tiere fixieren, das kennen Sie vielleicht auch aus der Landwirtschaft, um notwendige Behandlungen durch einen Fachtierarzt durchführen zu können.

Bei der Elefantenhaltung ohne Kontakt sind die Halter kaum oder gar nicht in der Lage, bei Konflikten, die in Sozialverbänden wie Elefantenherden immer auftauchen, gezielt Hilfestellung zu leisten und gegebenenfalls schnellstmöglich einzugreifen. Insofern bevorzugen wir die beiden anderen Haltungsformen (siehe Kapitel 60 und 61).

Eine besondere Form der »hands off«-Haltung findet sich auf Ceylon im Elephant Transit Home (ETH), welches der Kölner Zoo unterstützt. Hier wurden 2017 genau 52 Elefantenwaisen gehalten. Sie leben wild auf dem Gelände. Nur zu bestimmten Zeiten werden sie zum Trinken in einen abgesperrten Bereich geholt und dort einzeln gefüttert. Es wird jedem Tier eine bestimmte Portion von speziell für sie angerührter Elefantenmilch gefüttert. Während der übrigen Zeit fressen sie selbstständig im an den Nationalpark angrenzenden Gelände.

60_Full contact

Klassische Haltung

Die klassische Elefantenhaltung wird als Vollkontakt bezeichnet. Sie ist heute noch im Zirkus, in einigen zoologischen Gärten und in den Herkunftsländern von Bedeutung. Der Mensch arbeitet direkt an und mit dem Tier, reitet dieses sogar. In den westlichen Ländern, in Mitteleuropa und den USA ist diese Haltungsform auf dem Rückmarsch. Schon heute werden alle Elefantenbullen in deutschen Zoos ausschließlich im geschützten Kontakt gehalten.

Die Zoologischen Gärten von Hamburg und Wuppertal hingegen halten, pflegen und züchten Asiatische beziehungsweise Afrikanische Elefanten vorbildlich in Vollkontakt. Sprechen Sie mit Zootierärzten, so finden sich viele, die diese Art der Haltung bevorzugen, denn mit ihr ist so manche Behandlung einfacher umsetzbar.

Beim Vollkontakt nutzt der Pfleger den sogenannten Elefantenhaken, auch Ankus genannt. Damit führt und leitet er das Tier. Aber er dient natürlich ebenso zum Schutz des Pflegers. Der Tierpfleger muss in der Hierarchie über den Elefanten stehen, damit sie seinen Kommandos folgen.

Die Elefanten erlernen je nach Veranlagung unterschiedlich viele Kommandos, die regelmäßig trainiert werden. Wichtig ist, dass ein Lob immer nur bei richtig ausgeführtem Kommando erfolgt. Das kennt der ein oder andere sicher von seinem Hund. Falsch ausgeführte Kommandos werden wiederholt. In Zoos werden heute vor allem Kommandos zum Leiten der Tiere umgesetzt beziehungsweise für das *medical training*, also Kommandos, die zur Untersuchung und Behandlung der Elefanten notwendig sind.

Nachstehend finden Sie einige Kommandos. Nur für alle Fälle: Rufen Sie diese nicht bei Ihrem nächsten Zoobesuch. Die Elefanten reagieren nur bei ihren Pflegern darauf. Die typischen Kommandos sind: come here = komm zu mir, side = geh zur Seite, go back = geh rückwärts, lay down = auf die Seite legen, oder rangu = hebe den Rüssel in die Höhe.

61 Protected contact

Immer ein Gitter dazwischen

Die Asiatischen Elefanten im Kölner Zoo werden, wie anderswo, im *protected contact*, also im geschützten Kontakt, gehalten. Die Tiere sind hierbei die meiste Zeit in ihrer sozialen Gruppe sich selbst überlassen. Die Pfleger treten nur zu bestimmten Trainingszeiten mit ihnen in Kontakt, bleiben hierbei aber stets auf der anderen Seite der Absperrung. Im Gegensatz zum Vollkontakt wird im geschützten Kontakt kein Elefantenhaken eingesetzt. Vielmehr arbeitet der Tierpfleger hier mit dem sogenannten Target, das ist meist ein Stock, an dessen einem Ende sich häufig eine Verdickung befindet. Damit werden die Elefanten dirigiert und durch positive Verstärkung in Form von Lob und Leckerli stimuliert. Zwang ist in dieser Art der Haltung nicht möglich. Daher gibt es zumeist für alle Fälle einen Zwangsstand – hört sich erst einmal unschön an, ist aber notwendig. Hier werden die Tiere gegebenenfalls auch gegen ihren Willen festgesetzt, damit man sie zum Beispiel veterinärmedizinisch untersuchen kann. Dies wird, damit es keine Tortur für die Tiere ist, regelmäßig geübt. Solche Stände gibt es auch in der Landwirtschaft. Die Tiere kennen den Vorgang und stehen bereitwillig für Untersuchungen durch den Tierarzt sicher zur Verfügung. Die Kommandos hierfür sind: go on = geh vorwärts, down = auf Ellenbogen und Knie legen, up = steh wieder auf, oder lift = hebe den Fuß. Meist nutzen die Tierpfleger noch eine leise Pfeife, mit der sie dem Tier signalisieren »Kommando beendet«. Zudem wird regelmäßig durch Lob bestärkt.

Im geschützten Kontakt werden die Kommandos den Tieren bereits mit einem Jahr spielerisch beigebracht. Häufig gucken sich die Jungtiere von der Mutter oder von der Tante ab, was sie machen sollen.

Übrigens stimmt es nicht, dass im geschützten Kontakt die Elefanten nicht mehr angefasst werden. Dies geschieht weiterhin, aber eben immer durch eine Absperrung getrennt.

62 Was ist ein Mahut?

Elefantenpfleger im Ursprungsland

Mahut ist in Asien der Name für die Person, die mit Elefanten arbeitet und sie reitet. Das Wort *»mahout«* kommt ursprünglich aus der Hindu- und Urdu-Sprache. Mahut war früher ein angesehener Beruf, die Männer arbeiteten für den König und lebten bei ihm im Palast.

Seitdem der Handel mit Edelhölzern wie Teak, Ebenholz und Mahagoni verboten wurde, sind viele Mahuts in Asien arbeitslos. Eine Ausnahme stellt Myanmar dar, wo die Holzwirtschaft immer noch existiert. Myanmar hat die meisten Mahuts mit Elefanten in Menschenhand. Junge Männer in Asien wollen heute aber meist nicht mehr mit Elefanten arbeiten, da dies eine gefährliche Tätigkeit ist und der Lohn sehr gering. Die jüngere Generation arbeitet lieber in den Städten.

Ein Mahut bindet seinen Elefanten in seinem Garten an und ist nicht nur für die Ernährung, sondern für das allgemeine Wohlbefinden des Tieres verantwortlich. Sehr wenige Mahuts besitzen heutzutage ihren Elefanten selbst. Die meisten arbeiten für sehr reiche Leute, die Elefanten aus Prestigegründen halten. Die neue Generation der Mahuts scheint weniger kompetent als ihre Väter und Großväter. Normalerweise übernehmen sie einfach ein bereits trainiertes Tier. Nachdem das Einfangen wilder Elefanten verboten wurde, haben sehr wenige Mahuts das Wissen, einen Elefanten von Beginn an zu trainieren. Diese Fertigkeit ging leider verloren.

Es ist ein weitverbreitetes Problem der Elefantenbesitzer, geeignete Arbeit für ihre Tiere zu finden. Der Tourismus bietet Chancen, zum Beispiel Elefantenreiten oder Posieren für Fotos. Die meisten Elefanten nehmen an den jährlichen Prozessionen teil. Elefanten sind für viele Mahuts ein »Arbeitsgerät« wie ein Bagger, an dem sie aber sicher mehr hängen. In Sri Lanka sind 80 Prozent aller Elefanten in Menschenhand, vor allem ehemalige Arbeitselefanten, über 40 Jahre alt. In 20 Jahren wird der Beruf des Mahuts vermutlich Geschichte sein.

63 Gewusst wo

Trigger points

Eine Besonderheit der Elefanten sind die zahlreichen empfindlichen Punkte, die sich über ihren gesamten Körper verteilen. Diese sogenannten »trigger points« ermöglichen es dem Mahut, dem Elefantenführer, sein Tier dazu zu bewegen, sich hinzuknien, ein Bein oder den Rüssel zu heben, vorwärts oder rückwärts zu gehen. Beim Menschen kennen wir ähnliche Wirkungen aus der Akupunktur.

Die gewünschten Reaktionen werden als eine Reihe von Reflexen herbeigeführt, entweder durch Pressen, Ziehen oder Berühren der entsprechenden Körperstellen mit dem Elefantenhaken. Manche glauben, dass das unsachgemäße Berühren einiger dieser Punkte einem Elefanten nicht nur wehtut, sondern sogar zum Tode führen kann. Das Geheimnis dieser besonderen Stellen wird von allen Mahuts eifersüchtig gehütet und grundsätzlich niemals an Fremde verraten. Brian Batstone hat diese besonderen Punkte durch Mr. Sumanabanda, einen Mahut in Sri Lanka, der auch ein sehr guter Freund ist, kennengelernt. Ob diese bestimmten Punkte lebensbedrohlich sein können, hat er sicherheitshalber nie überprüft. Grundsätzlich funktionieren diese aber, was Mahuts in Indien und Sri Lanka beweisen, wenn sie ihren Haken an diesen Punkten ansetzen. Ein Beispiel: In Sri Lanka lief ein Elefant von einer Prozession weg. Tausende Zuschauer wohnten dem Spektakel bei, und die Gefahr, dass jemand verletzt werden könnte, war offensichtlich. Drei Mahuts umstellten den Elefanten, und einer von ihnen setzte den Haken an die Hinterseite des Hinterbeines. Der Elefant schrie auf und fiel hin. Nach einer Weile stand das Tier wieder auf, konnte aber für Tage nicht richtig laufen.

Es gibt etwa 90 »trigger points« am Elefantenkörper, die zu bestimmten Ergebnissen führen, wenn der Haken richtig eingesetzt wird. Bei einigen dieser Punkte reicht übrigens die Benutzung des Fingers, und der Elefant zeigt die gewünschte Reaktion.

64 Elefantenpediküre

Nagel- bis Zahnpflege

Bei Elefanten in Menschenhand werden ihre Fußsohlen und -nägel regelmäßig gepflegt. Im Gegensatz zu wilden Elefanten, die täglich bis über zwölf Stunden über unterschiedliche Untergründe wandern, laufen Elefanten in Menschenhand weniger. Die Sohlen wachsen dann manchmal zu stark, werden rissig, was einen Nährboden für Infektionen bietet. Die Fußnägel brauchen ebenfalls Aufmerksamkeit. Zwischen den einzelnen Nägeln sollte ein Abstand sein, das heißt, ein Finger des Tierpflegers sollte in die Lücke zwischen zwei Nägeln passen. Wilde Elefanten gebrauchen ihre Füße gar, um zu graben. Auch diese Beschäftigung nutzt die Nägel und Fußsohlen ab.

Elefanten in Menschenhand benötigen also Fußpflege, aber es gibt große Unterschiede. Afrikanische Elefanten brauchen relativ wenig Nagel-, aber viel Sohlenpflege. Bei ihren asiatischen Verwandten muss man besonders auf die Nagelhaut achten. Die Erfahrung der Tierpfleger ist wichtig, sie müssen sehr kompetent sein, um mit Fußproblemen zurechtzukommen. Um Elefantenfüße zu beschneiden, ist es außerdem wichtig, dass der Elefant gut trainiert ist.

Neben der Nagelpflege werden die Tiere auch trainiert, andere Körperstellen für etwaige Behandlungen zu präsentieren. Manchmal brechen sich Jungbullen beim Spielen und Raufen einen Stoßzahn oder Teile von ihm ab. Dann muss die Zahntasche ausgespült werden, da sonst eine Entzündung entsteht. Bei unserer Afrikanischen Elefantenkuh Pretti in Köln mussten wir die Stoßzähne kürzen, da sie gegeneinanderwuchsen. Durch eine Rüssellähmung konnte sie ansonsten nicht genug Schwung zum Fressen holen. Die asiatische Elefantenkuh Savani hatte im Alter von 55 Jahren Verdauungsprobleme. Wir kontrollierten ihr Gebiss und erkannten, dass die Backenzähne fast vollständig aufgebraucht waren. Das Futter musste entsprechend umgestellt werden. Daher ist Zahnkontrolle wichtig.

65 TAGs und EEPs

Professionelle Tierhaltung in europäischen Zoos

Wissenschaftlich geleitete zoologische Gärten sind organisiert. In unseren Breiten gibt es den Verband der Zoologischen Gärten (VdZ), die Europäische Zoovereinigung, die European Association of Zoos and Aquaria (EAZA) und den Weltzooverband, die World Association of Zoos and Aquariums (WAZA). Diese sorgen für den Wissensaustausch und auf regionaler und globaler Ebene für gezielte Zuchtprogramme.

Mitte der 80er Jahre des letzten Jahrhunderts hat die EAZA damit begonnen, eine entsprechend professionelle Struktur zu bilden. Es gibt sogenannte »Taxon Advisory Groups«, also Teams, die sich mit bestimmten Tiergruppen befassen. Es sind dies die Experten aus den unterschiedlichen Zoos. Innerhalb der »Taxon Advisory Groups« gibt es dann Erhaltungszuchtprogramme und spezielle Zuchtbücher, in denen die Tierarten professionell gemanagt werden. Das Zuchtbuch für Afrikanische Elefanten führt derzeit Dr. Arne Lawrenz vom Zoo Wuppertal, und das Zuchtbuch für die Asiatischen Elefanten liegt in den Händen von Harald Schmidt vom Zoo Rotterdam. Beiden steht eine sogenannte Artkommission zur Seite. Dies sind Fachleute aus anderen Zoos, die sich für diese Arbeit zur Verfügung stellen und in diese Funktion hineingewählt werden. Mit Hilfe dieser Berater und eines wissenschaftlichen Computerprogramms führen die beiden Fachleute die Populationen der Elefanten in Europa. Sie sind quasi Heiratsvermittler, sagen sie doch unter anderem, wer mit wem Junge bekommen soll, oder eben nicht. Es werden Haltungsrichtlinien erstellt und neue Konzepte erarbeitet, die Teams suchen nach Lösungen für aufkommende Probleme, zum Beispiel die vermehrte Geburt von Bullen, die untergebracht werden müssen. Hier hat man sich geholfen, indem man im Freiland abguckt: Junggesellengruppen werden gebildet. Es gibt jetzt Zoos, die Herden, und solche, die Männergruppen halten. Das ist für ein langfristiges Management notwendig.

66_Gezieltes Management

Wie züchtet man Elefanten?

Die einzelnen Tiere, die ein Zoo von einer bedrohten Art, die in einem Zuchtprogramm gemanagt wird, hält, bekommt er durch den Zuchtbuchkoordinator zugewiesen. Mit diesem Zuchtstock darf er dann arbeiten. Für den Zoo bedeutet das heute, dass man eine Anlage bauen beziehungsweise haben muss, die entweder die Haltung von Bullen und Kühen im Herdenverband oder aber von einer Bullengruppe ermöglicht.

Wichtig ist zu wissen, welche Kühe und Elefantenbullen fertil, also fruchtbar, sind. Dies hängt nicht nur vom Alter ab. Im Kölner Zoo haben wir mittlerweile alle älteren Elefantenkühe untersuchen lassen und wissen, dass eine Kuh unfruchtbar ist. Das ist kein Beinbruch, ist die Kuh Maejaruad doch eine hervorragende Tante.

Wie bekommt man nun Nachwuchs? Wenn es so weit ist, dann zeigen die Kühe Interesse an den Bullen und umgekehrt. Wer wie wir sichergehen will, der kann an Urin- oder Blutproben untersuchen, ob die Elefantenkuh im Östrus und damit aufnahmebereit ist (siehe Kapitel 70). Dies ist wichtig, wenn man gezielt züchten möchte. Umgekehrt, wenn eine Kuh einmal nicht oder zumindest nicht mit dem vorhandenen Bullen nachzüchten soll, so ist es wichtig zu wissen, wie ihr Hormonhaushalt aussieht, damit ungewollter Nachwuchs ausbleibt.

Neben aller Planung, der des Zuchtbuchführers und der Tiergartenbiologen vor Ort, eines kann man nicht ausschalten: die persönliche Vorliebe und Abneigung. Auch das gibt es bei Elefanten. Versucht der jüngere Elefantenbulle Sang Raja im Kölner Zoo jede Kuh zu decken, so bevorzugt der alte Bulle Bindu nur zwei »Damen« der Herde. Hat man Nachwuchs, muss man sich darüber im Klaren sein, dass dieser mehrere Jahre, wenn nicht für immer im Zoo verbleiben wird. Daher müssen die Elefantenanlagen, je nach Anzahl der gehaltenen Tiere, recht groß sein und möglichst viele Ab- und Umsperrmöglichkeiten bieten.

67 Die Kümmerer

Elefantentanten

Wie wir bereits erfahren haben, spielen in einer Herde nicht nur Leitkuh und Mütter eine wesentliche Rolle, nein, auch die übrigen Elefantenkühe kümmern sich um die Jungtiere der Herde. Hierbei zeigen die unterschiedlichen Tiere in der Tat Vorlieben für das eine oder andere Kalb. Diese Elefantenkühe werden Tanten genannt, mitunter sind sie gewissermaßen sogar »Bodyguards«, für die Leitkuh, insbesondere aber für den Nachwuchs.

Bei unserer gemeinsamen Reise nach Sri Lanka im Herbst 2017 konnten wir im Udawalawe-Nationalpark Elefanten beobachten. Wir bemerkten schnell, dass die Herde sich auf einer Seite der Piste befand, aber ein etwa vier- bis fünfjähriger Bulle noch auf der anderen Seite von uns stand – quasi mutterseelenallein. Er brüllte immer wieder lauthals. Die Herde verweilte grasend uns gegenüber. Aber es herrschte offensichtlich leichte Unruhe. Dann bewegte sich eine an ihren kleinen, also milchlosen Brüsten zu erkennende Tante auf uns zu, offensichtlich erregt. Die Ohren waren nach vorn gestellt, der Kopf leicht gesenkt. Sie antwortete dem Jungen und wies ihm so den Weg um uns herum zurück zur Herde. Dann kehrte Ruhe ein, und die Tiere zogen leise weiterfressend davon.

Im Kölner Zoo mit seiner großen Herde können Sie ähnliche Verhaltensweisen immer wieder beobachten. Ruft eines der Jungen, laufen die Kühe, nicht nur die Mutter, sofort hinzu. Fällt ein Jungtier versehentlich ins Wasser – das kann selbst in der Natur passieren –, dann geleiten es die Tanten meist sehr schnell wieder ans sichere Ufer. Dazu ziehen sie mit ihrem Rüssel an ihm oder suchen selbst das Wasser auf und drücken es mit ihrem Körper an Land. Maejaruad und Laongdaw sind neben der Leitkuh die beiden wichtigsten Tanten in der Kölner Herde. Regelmäßig schauen sie nach dem Rechten, rufen die Jungtiere zur Ordnung oder spielen mit ihnen. Sie sind quasi Vollzeitkindergärnerinnen mit Riesenkindern.

68_Elefantentransport

Wie kommt der Elefant in den Zoo?

Nachdem der Kölner Elefantenpark 2004 fertiggestellt war, transportierten wir die ersten vier Tiere aus dem Wildlands Adventure Zoo Emmen, damals Noorder Dierenpark Emmen, in den Niederlanden in den Kölner Zoo. Die erwachsenen Kühe Thi Ha Phyu und Khaing Lwin Htoo mit ihren beiden Bullenkälbern wurden in zwei Transportkisten auf einen Lkw verladen. Dabei geriet die Kiste von Thi Ha Phyu mit ihrem Sohn in eine Schräglage, als der Kran sie anhob. Wir setzten die Kiste sicherheitshalber ab und kontrollierten den Zustand der Tiere. Doch es war alles in Ordnung. Auch auf der folgenden fünfstündigen Fahrt wurde regelmäßig überprüft, ob es den Elefanten gut ging. Tierpfleger und Tierarzt waren, wie üblich, sicherheitshalber dabei. Thi Ha Phyu nahm nach dem Ausladen den bis dahin jungfräulichen Elefantenpark in Besitz. Ihre erste Handlung bestand darin, die Blumenbeete nebst den Bewässerungsschläuchen oberhalb der Innenanlage herauszureißen.

Später kamen fünf Elefanten aus Thailand mit einer großen Transportmaschine und ihren Pflegern. Auch hier begleitete der Tierarzt den Transport. Diese Elefanten kannten keine geschlossenen Anlagen und keine fahrbaren Tore. Daher entschieden wir, sie in Vollkontakt ins Haus zu führen.

Bindu kam aus Port Lympne an der Südküste Großbritanniens. Da er Widerstand beim Verladen leistete, mussten wir ihn ansedieren und vorsichtig in die Transportkiste bringen. Dann konnte er die Fahrt mit Lkw und Fähre nach Köln antreten. Heute werden unsere Elefanten, aber auch andere Tiere, für die Transporte vorher ausgiebig an die Kisten gewöhnt und betreten diese freiwillig.

Elefanten können nur bis zu einer bestimmten Größe per Flugzeug transportiert werden, maximal fünf Kisten passen in einen Jumbojet. Ansonsten werden sie mit dem Schiff, meist aber auf einem Tieflader in entsprechenden Kisten und von Fachleuten begleitet von A nach B gebracht, in Asien aber auch frei stehend.

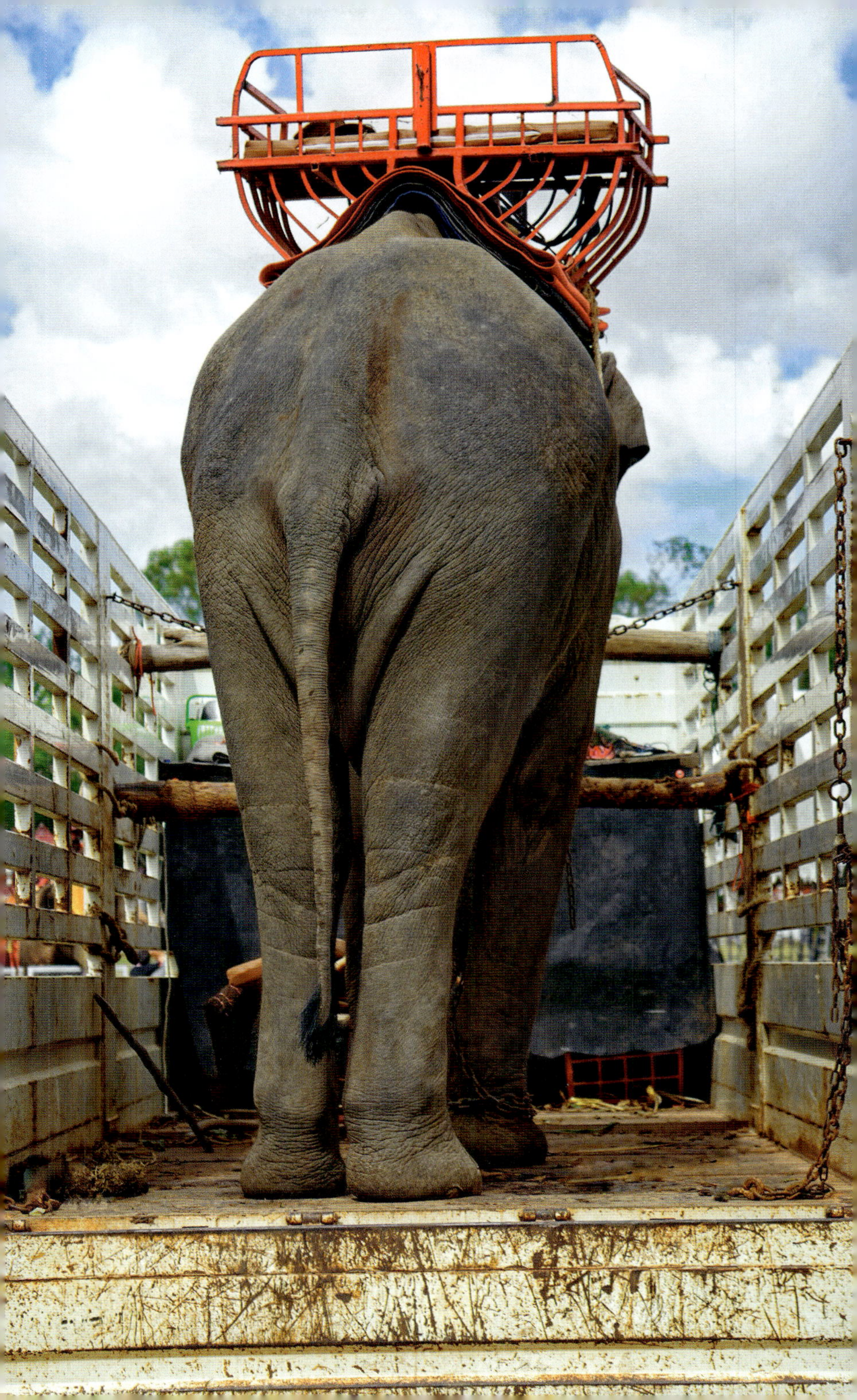

69_Zickenkrieg

Zusammenführung verschiedener Gruppen

»Zickenkrieg im Kölner Zoo«, das war eine der Schlagzeilen des Kölner »Express« im Jahr 2006. Es war das Jahr, in dem wir die bereits im Elefantenpark lebenden Elefantenkühe Thi Ha Phyu und Khaing Lwin Thoo und ihre beiden Söhne mit den neu aus Thailand importierten Elefantenkühen Kreeblamduan, Tong Koon, Maejaruad, Laongdaw und Chumpol vergesellschaftet haben. Es war uns klar, dass die Tiere, obgleich wir sie vorher schon auf Distanz hatten Kontakt aufnehmen lassen, ihre neue Rolle in der Gemeinschaft, ihre Stellung im Sozialsystem, klären mussten. Wie sollten wir damit umgehen? Würde es zu Auseinandersetzungen kommen? Würden die Tiere sich womöglich verletzen? Wie könnten wir im Ernstfall eingreifen? All das waren Fragen, die uns bewegten. Und natürlich stand bei alldem im Raum, ob die Öffentlichkeit dabei sein sollte.

Es war uns schnell klar, dass wir es so halten wollten wie immer, nämlich transparent. Also luden wir sogar die Presse ein, als wir die Tiere auf der Außenanlage zusammenließen. Wir waren auf alles vorbereitet, Tierpfleger in voller Mannschaft und Tierarzt waren sicherheitshalber vor Ort. Zunächst berüsselten sich die Tiere auf Elefantenart, beschnupperten sich. Doch es dauerte nicht allzu lang, da war klar, dass unsere Erwartung richtig gewesen war. Kreeblamduan und die Elefantenkuh Thi Ha Phyu, die schon als »Chefin« nach Köln kam und die stärkste und zugleich größte Kuh der Fünfergruppe aus Thailand war, würden die Vormachtstellung unter sich ausmachen. Es gab ein mitunter heftiges Gerangel, Geschubse und Geschiebe. Es war beeindruckend anzusehen, mit welcher Kraft die »Kämpfe« ausgetragen wurden, aber niemals bösartig.

Nach rund einer Woche hatte Thi Ha Phyu die Vormachtstellung. Sie legte ihren Rüssel über den Kopf von Kreeblamduan, das war das Zeichen von Dominanz. Heute hat Kreeblamduan sie übrigens abgelöst, diesmal ohne Auseinandersetzung.

70_Pischi Pischi

Schwangerschaftstest für Elefanten?

»Pischi Pischi« ist ein Kommando, auf das die Elefanten im Kölner Zoo, sofern es von den Pflegern kommt, in der Tat Urin abgeben, also »pinkeln«. Das hört sich komisch an, ist aber tatsächlich wahr und funktioniert!

In vielen Zoos wird die Zucht der unterschiedlichsten Tierarten sehr professionell vorgenommen. Dazu gehört zu wissen, wann die Weibchen im Östrus sind, also die paarungs- beziehungsweise empfängnisbereite Zeit beginnt. Hierzu kann man Hormonuntersuchungen vornehmen und selbst den Zyklus, das heißt die periodische Wiederkehr dieser Bereitschaft, feststellen und festhalten. Dies ist für die gezielte Zucht wichtig, aber auch um zu prüfen, ob die Weibchen gesund sind. Dazu braucht es entweder eine Blutprobe oder viel einfacher schlichtweg Urin. In vielen Elefantenhaltungen werden Hormonuntersuchungen über den Urin vorgenommen. Damit man sicher weiß, von welchem Elefanten die Probe ist, und es keine Verunreinigungen gibt, hat es sich bewährt, die Elefantenkühe direkt in ein spezielles Gefäß urinieren zu lassen.

Elefantenpfleger schicken regelmäßig Proben zu Dr. Ann-Kathrin Oerke. Sie ist Mitarbeiterin des Hormonlabors am Deutschen Primatenzentrum (DPZ) und kennt quasi von fast allen in Deutschland gehaltenen Elefantenkühen den Hormonstatus. Durch dieses »Monitoring« des Reproduktionsstatus bei Elefantenkühen, das betrifft den Zyklus- und die Trächtigkeitsdiagnostik, unterstützt das DPZ ganz wesentlich die zoologischen Gärten in ihrer Arbeit bei der Erhaltung der grauen Riesen. Mittlerweile liegen Hormondaten zum weiblichen Reproduktionsstatus für mehr als 300 verschiedene Elefantenkühe vor.

Für die Zyklusbestimmung und Trächtigkeitsdiagnostik wird einmal pro Woche pro Tier eine Urinprobe genommen. Allerdings ist es notwendig, Urin über die Dauer eines vollen Zyklus, also für mindestens sechs Monate, zu sammeln.

71 Alles etwas größer

Elefantenhochzeit

Elefanten stellen viele Rekorde im Tierreich auf. Auch die Paarung gehört dazu. Weibchen kommen alle drei Monate für drei bis fünf Tage in den Zyklus. Mit ihrem Geruchssinn können die Elefantenbullen feststellen, ob in einer Herde paarungsbereite Weibchen sind. Die Bullen riechen am Urin der Kühe und laufen hinter ihnen her, um herauszufinden, ob die Weibchen an ihnen interessiert sind. Kühe bevorzugen erwachsene, dominante Bullen. Jüngere Tiere sind eher uninteressant. Allerdings gibt es Ausnahmen. Im Kölner Zoo hatten die Kühe aus Thailand anfangs große Angst vor Bindu. Sie liefen vor ihm weg und zeigten nicht das geringste Interesse, sich von ihm decken zu lassen. Die Pfleger versuchten die Tiere langsam aneinander zu gewöhnen. Keine Elefantenkuh wurde zur Paarung gezwungen. Leider waren wir mit unseren Verkupplungsversuchen nicht erfolgreich.

Sang Raja war 2009 mit erst zehn Jahren dem älteren Bullen Bindu deutlich an Rang und Körpergröße unterlegen. Aber Elefantenkuh Tong Koon war trotzdem interessiert und ließ sich von ihm decken.

Hat ein Elefantenbulle in der Wildnis ein Weibchen gefunden und zeigt dieses keine Abneigung, muss der Bulle mit seinem aufwendigen Paarungsspiel beginnen. Er geht hinter der Kuh her, legt ihr seinen Rüssel auf den Rücken und zeigt ihr, dass er paarungswillig ist. Meistens ziert sich das Weibchen für eine Weile. Sie geht weiter herum, frisst hier und da und hält mit ihrem Hinterteil Abstand zum deutlich größeren Bullen. Letztlich bleibt das Elefantenweibchen stehen, und der Bulle kann sich auf seine Hinterbeine stellen und aufreiten. Diese Position ist nicht immer einfach zu halten. Es braucht oft mehrere Ansätze, bis der Bulle richtig auf der Kuh draufliegt. Dann kommt es zur Paarung. Der Bulle führt seinen 1,20 Meter langen, s-förmigen und recht beweglichen Penis in die Vaginalöffnung. Der eigentliche Deckakt dauert dann nur wenige Sekunden.

72 Fast zwei Jahre

Längste Tragzeit im Tierreich

Was die Schwangerschaft beim Menschen ist, wird im Tierreich als Trächtigkeit bezeichnet. In der Tat haben Elefanten die längste Tragzeit unter den Landsäugetieren. Vergleichen Sie diese mit der Schwangerschaft des Menschen von rund neun Monaten, so werden viele Frauen erleichtert aufatmen, wenn sie hören, dass Elefanten rund 22 Monate tragend sind.

Mit einem Augenzwinkern können wir sagen, dass die Mutter von Marlar, Kaing Lwin Htoo, sicher die allerlängste Trächtigkeit hatte. Wir erwarteten, dass die Geburt schon im August 2005 erfolgen würde. Das Junge kam aber erst Ende März 2006 zur Welt. Man war schlichtweg von einem falschen Zeugungstag ausgegangen und hatte sich einfach verrechnet.

Schauen wir uns kurz ein paar Vergleichszahlen an. Die Tragzeit einer Hausmaus liegt bei 19 bis 21 Tagen, die eines Hundes zwischen 61 und 64 Tagen, die eines Hauspferdes bei rund 320 bis 355 Tagen. Bei vergleichbaren, großen Wildtieren sind die Tragzeiten wie folgt: Flusspferd 227 bis 245 Tage, Giraffe 450 bis 488 Tage, Nashorn 450 bis 540 Tage, je nach Art.

Im Zoo behaupten Besucher immer wieder, dass sie sehen können, wenn ein Elefant trächtig ist. Das stimmt meistens nicht, denn viele Elefanten sehen als Pflanzenfresser einfach dick und rund aus. Ein neugeborener Elefant wiegt meist zwischen 80 und 120 Kilogramm, eine erwachsene Elefantenmutter 2.500 bis 4.000 Kilogramm. Nehmen wir an, die Mutter wiegt 3.000 Kilogramm, das Jungtier wiegt 100 Kilogramm, dann entspricht dies gerade drei Prozent des Gewichts der Mutter. Wer das erkennen kann, sagen wir immer, der sieht auch, ob wir zwei oder drei Brötchen zum Frühstück verspeist haben.

Vermutlich ist die lange Schwangerschaft für die Entwicklung des Gehirns der jungen Elefanten notwendig, ist es bei der Geburt doch schon reif entwickelt. Das Gewicht eines Elefantengehirns liegt bei erwachsenen Tieren bei vier bis fünf Kilogramm!

73_Künstliche Befruchtung

Was tun, wenn ein Elefant nicht trächtig wird?

Die Zucht von Elefanten in zoologischen Gärten läuft seit Mitte der 1990er Jahre vor allem bei Asiatischen Elefanten immer besser. Allerdings müssen Tiere hierfür oft mit großem Aufwand hin- und hertransportiert werden. Um diesen Aufwand zu verringern, aber vor allem weil es Kühe gibt, die sich von Bullen nicht begatten lassen, ziehen Zoos künstliche Befruchtung in Betracht.

Eine führende Rolle spielt hier das Leibniz-Institut für Zoo- und Wildtierforschung (IZW) in Berlin. Einer der Wissenschaftler, der sich besonders gut mit dem Thema auskennt, ist Prof. Dr. Thomas Hildebrandt. Sperma von Säugetieren einzufrieren ist keine leichte Sache, aber es ist eine gute Methode, um es über weite Strecken zu befördern. Früher musste Sperma, welches von Elefantenbullen gewonnen wurde, spätestens nach sechs Stunden impliziert werden. Der Trick der Berliner besteht darin, das Sperma nicht schlagartig, sondern stufenweise einzufrieren. Zudem nutzt es der Forschung. Zielsetzung der Arbeit mit Elefantensperma, welches man in der Natur von wilden Bullen gewonnen hat, ist, Krankheiten am isolierten Samen zu testen und die genetische Vielfalt in der Zoopopulation zu erhöhen.

Im Jahre 2013 wurde Iqhwa im Wiener Tiergarten Schönbrunn geboren. Die Mutter Tonga war zuvor mit dem Sperma des wilden afrikanischen Elefantenbullen Steve befruchtet worden. Dies war erstmals ein Erfolg mit Sperma von weit her. Es eröffnen sich nun neue Möglichkeiten des genetischen Austausches. Ganz im Sinne des Artenschutzes kann der Genpool der Zoo-Elefanten so bereichert werden. Viele Artenschützer sind zunehmend der Meinung, dass alle Tiere einer bedrohten Art, gleich ob in Menschenhand oder in der Natur, zusammen gemanagt werden müssen, wenn man sie erhalten will. Insofern stellte dieser Erfolg einen wichtigen Schritt dar. Fachleute sprechen vom *One Plan Approach*, dem Ein-Plan-Ansatz.

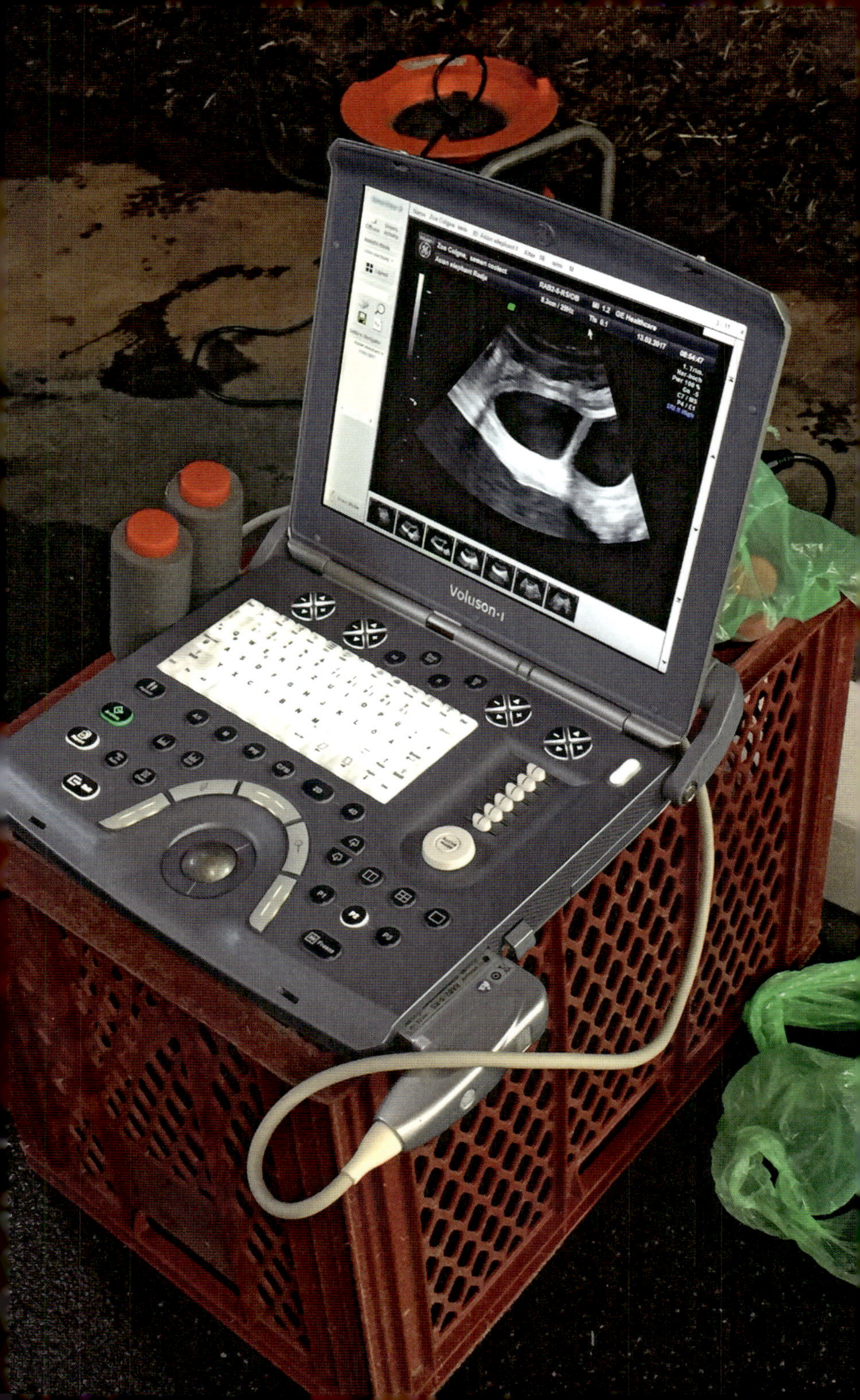
Voluson-i

74_Wie wird man Elefantenpfleger?

Ausbildung zum Zootierpfleger

Die Tätigkeit als Tierpfleger kann sehr unterschiedlich sein, denn im Berufsbild unterscheiden wir drei Tätigkeitsfelder. Zum einen gibt es den Bereich Forschung und Klinik. Hierbei liegen die Schwerpunkte auf Haltung und Zucht von Versuchstieren. Des Weiteren gibt es die Tierheim- und Pensionstierpfleger, die sich zumeist um Haustiere kümmern. Und dann gibt es noch den Bereich Zootierpfleger. Das sind diejenigen, die später in Wildparks oder zoologischen Gärten arbeiten. Egal welches Tätigkeitsfeld belegt wird, die Ausbildung in diesem Lehrberuf dauert drei Jahre im Betrieb, parallel erfolgt der Besuch der Berufsschule. Die angehenden Zootierpfleger erwerben ein breites Wissensspektrum. Sie lernen vom Wasserfloh bis zum Elefanten die unterschiedlichen Tiere kennen und wie sie gepflegt, ernährt und gezüchtet werden. Dazu durchlaufen sie im Ausbildungsbetrieb und manchmal auch in anderen Betrieben alle Reviere und lernen so, was sie wissen müssen.

Im Zoo können sie ihr Wissen dann bei der Erhaltung zum Teil bedrohter Tierarten, wie dem Asiatischen Elefanten, einbringen. Natürlich darf die Information der Besucher nicht fehlen. Nach der neuen Prüfungsordnung wird auch ein Kundengespräch, also die Kommunikation mit dem Besucher, erwartet, gelehrt und abgeprüft.

Nach erfolgtem Gesellenabschluss besteht die Möglichkeit, einen Meistertitel zu erwerben.

Hat ein Zootierpfleger seine Lehre abgeschlossen, spezialisiert er sich meistens. Interessiert er sich für Elefanten, so läuft er zunächst mit erfahrenen Kolleginnen und Kollegen mit und wird immer mehr in den Umgang mit den Dickhäutern eingearbeitet, bis er am Ende selbst in der Lage ist, mit einem Kollegen zusammen mit den Elefanten zu arbeiten. Bei Elefanten gilt, insbesondere bei Vollkontakt, dass man immer zu zweit arbeitet.

75 Behavioural Enrichment

Beschäftigung von Elefanten im Zoo

In modernen, wissenschaftlich geleiteten zoologischen Gärten werden Tiere gefordert beziehungsweise beschäftigt. In der Fachsprache taucht der englische Begriff *behavioural enrichment* auf, auch Verhaltens- oder Lebensraumanreicherung genannt. Da bekannt ist, dass Tiere im Freiland Körper und Geist einsetzen müssen, um Nahrung zu finden, vor Feinden zu fliehen oder einen Geschlechtspartner zu finden, haben die Tiergartenbiologen begriffen, wie sehr es die Lebensqualität der anvertrauten Tiere erhöht, wenn man sie ebenfalls fordert. Sie müssen die Gelegenheit haben, ihre biologischen Verhaltensweisen zumindest annähernd auszuleben. Dies wird seit rund vier bis fünf Jahrzehnten zunehmend umgesetzt und führt dazu, dass Stereotypien (scheinbar sinnlose, formkonstant wiederholte Bewegungsabläufe) gänzlich verhindert oder aber zumindest stark verringert werden.

Leider sind einmal »eingebrannte« Stereotypien selbst unter besten Haltungsbedingungen nicht völlig rückgängig zu machen. Dies wird manchmal bei Elefanten, die früher lange Zeit an der Kette gehalten wurden, beobachtet. Wenn diese in Erwartungshaltung sind, gleich Futter zu bekommen, dann kann es sein, dass sie das früher öfter einmal zu beobachtende »Wackeln« anfangen. Ist das Futtertor geöffnet, die Erwartungshaltung efüllt, dann verschwindet diese Bewegungsweise.

Elefanten in Vollkontakt können zum Beispiel durch Kommandos und Führen bewegt werden, damit sie nicht »faul auf der Haut liegen«. Eine andere Möglichkeit ist die Beschäftigung mit Futter, schließlich verbringen Elefanten in der Natur rund 18 Stunden am Tag mit der Futtersuche. Hierbei müssen die Tiere Leckerlis suchen, sich dabei körperlich betätigen und ihre Sinne nutzen. Dies kann auf vielfältige Weise geschehen. Es werden Äste mit Laub verfüttert und Futter hoch oben in Körben oder versteckt in Kanistern angeboten, woraus der Elefant es sich mühsam herausholen muss.

76_Wieso, weshalb, warum?

Elefantenforschung

Forschung ist in allen Bereichen grundsätzlich wichtig. Nur so gelangen wir zu neuen wissenschaftlichen Erkenntnissen, die wir nutzen können. Bei Elefanten findet die Forschung sowohl in der Natur als auch in menschlicher Obhut statt.

Es ist essenziell, die Bedürfnisse der Elefanten im Freiland zu kennen. Die Ausstattung von ausgewilderten und wild lebenden Elefanten mit Sendern bringt Aufschluss über deren Lebensweise. Wohin ziehen sie, was fressen sie, wo finden sie Wasser, wo gibt es Konfliktzonen mit den dort lebenden Menschen? All das ist sehr wichtig, wollen wir Elefanten eine gemeinsame Zukunft mit uns Menschen ermöglichen. Viele Naturschutzorganisationen, staatliche Behörden, Universitäten sowie zoologische Gärten unterstützen oder führen diese Untersuchungen durch. Der Kölner Zoo stattet auf Sri Lanka Elefanten mit GPS-/GSM-Sendern an Halsbändern aus, um ihre wichtigen Wege herauszufinden. Bei anderen Projekten werden zusätzlich die Lufttemperatur und die Luftfeuchtigkeit festgehalten. Angewandte Forschung ist für die Rettung der Tiere wichtig.

Andere Untersuchungen finden im Zoo selbst statt. Diese sind vornehmlich ethologischer, physiologischer oder tiermedizinischer Art. Mit Hilfe der Ergebnisse versucht man, die Haltung weiter zu verbessern oder die Vorbeugung beziehungsweise Bekämpfung von Krankheiten bei Elefanten im Freiland und auch in Menschenhand zu optimieren.

Es gibt viele Bereiche, die erforscht werden, so die Ernährung im Freiland (Futterpflanzen, Hungerzeiten), die Fortpflanzung (Geschlechtsreife, Intervalle, Laktationszeiten), die Populationsdynamik (Geburts- und Sterbestatistik) oder die geistigen Fähigkeiten der Elefanten. Das Elefantengedächtnis und die Erkennung des eigenen Ich im Spiegelbild sind neuere Forschungsschwerpunkte. Interessant sind auch die Forschungen in Sachen Kommunikation der Elefanten (siehe Kapitel 16).

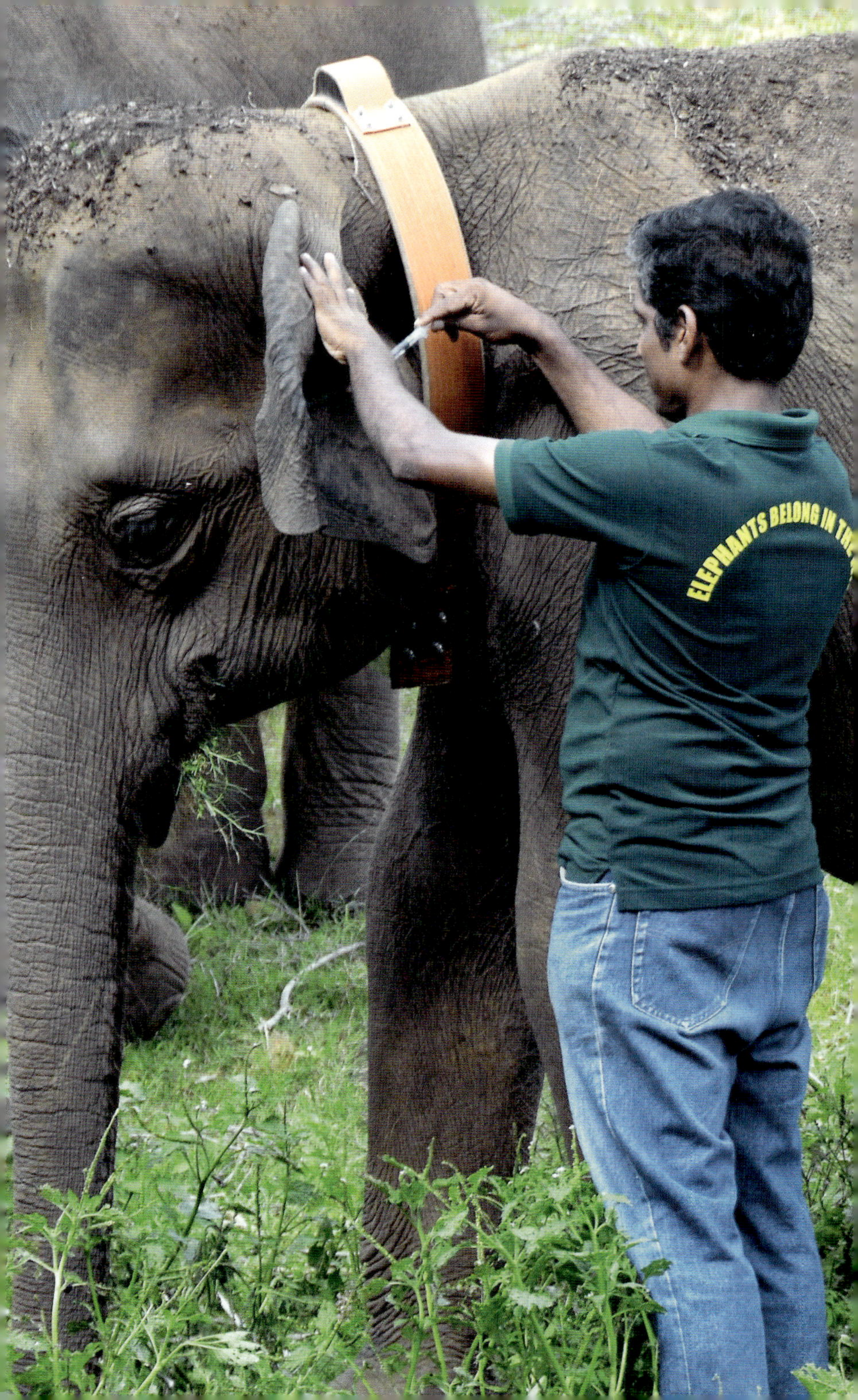

77 So ein Scheiß

Wie entsorgt man im Zoo Elefantendung?

»So ein Scheiß«, das können wir im wahrsten Sinne des Wortes sagen, denn ein ausgewachsener Elefant frisst nicht nur rund 150 Kilogramm Futter am Tag, nein, er produziert auch täglich über 100 Kilogramm Mist!

In der Natur sind Elefanten quasi wandernde »Düngemaschinen«, und so mancher Pillendreher (*Scarabaeus sacer*), ein Blatthornkäfer (Scarabaeidae), freut sich über ihre Hinterlassenschaft. Es sind Kotfresser, sogenannte Koprophagen. Sie ernähren sich nicht nur vom Kot, sondern formen eine Kugel aus Dung mit den Hinterbeinen, die sie vergraben und in die hinein das Weibchen seine Eier legt. Vielleicht haben Sie das schon einmal im Film gesehen, es sieht ein wenig witzig aus. Den Larven dient die Kotkugel als Nahrung.

Zwei Zentner Kot, das ist eine ganze Menge. Das ist für den Kölner Zoo, der derzeit eine Herde von 16 Tieren hat, selbst dann, wenn einige Tiere noch jung sind, eine Menge Mist. Die meisten Zoos entsorgen ihren kompletten Mist über Entsorger oder Bauern. Letzteres tut der Kölner Zoo auch. Wir arbeiten mit einem Bauern zusammen, der über die entsprechenden Genehmigungen, Misthalden und Felder verfügt. Der große Vorteil, ökologisch und auch ökonomisch, ist, dass unser Bauer keine Leerfahrten hat. Früh morgens bringt er Heu, Stroh und Ähnliches zu uns und nimmt im Anschluss einen Container voller Mist mit heim.

Manche zoologischen Gärten ziehen aus Elefantendung gar Gewinn. Einer davon ist zum Beispiel der Zoo in Prag (Tschechien). Dort wird der Elefantendung in 1,5-Kilo-Eimer verpackt und das Stück zu 70 Kronen, etwa drei Euro, verkauft. Die angebliche Wunderwirkung dieses Biodüngers steht bei Hobbygärtnern anscheinend ganz hoch im Kurs. Auch der Kölner Zoo bekommt hin und wieder Anfragen, ob wir nicht etwas Dünger für die Rosen in dem ein oder anderen Vorgarten Kölns erübrigen können. Professionell vermarkten wir unsere »Elefantenköttel« noch nicht.

78_Khedda

Das Einfangen wilder Elefanten

Diese spezielle Methode, wilde Elefanten einzufangen, geht Tausende Jahre zurück. »*Khedda*« bedeutet Graben in der hinduistischen Sprache. Der Khedda wurde in Sri Lanka »*Gala*« genannt, die Portugiesen nannten es »*Kral*«.Es handelt sich hierbei um eine Umzäunung, die in dreieckiger Form aus sehr starken Baumstämmen gebaut wurde, da sie einer ganzen Herde nach dem Einfangen standhalten musste. Bevor die Treibjagd stattfand, wurden Späher rausgeschickt, um eine geeignete Herde zu finden. Eine große Zahl Menschen umringte dann mit Fackeln und Trommeln die Herde, zusammen mit einigen gezähmten Tieren, auf dem Rücken ihre erfahrenen Mahuts. Die Elefantenherde wurde so in die Umzäunung gejagt. Ältere Tiere ließ man frei, bevorzugt wurden jüngere Weibchen mit ihren Kälbern.

Eine andere Methode war, Elefanten in einer Grube einzufangen. Sie wurde mit Zweigen und Blättern abgedeckt, dann jagte man eine Elefantenherde in Richtung der Grube, und die Tiere fielen hinein. Diese Methode, wilde Elefanten einzufangen, wurde 1972 verboten. Wollte man keine Herde, sondern einzelne Elefanten einfangen, setzten sich die Mahuts auf den Rücken gut trainierter Elefanten und fingen die wilden Tiere mit Lassos, die sie um deren Beine warfen. Auf Sri Lanka hatte man etwas andere Methoden. Schlingenfänger suchten sich einen Bullen aus, gingen hinter ihm her, warfen eine Schlinge um einen Fuß und banden das andere Ende des Seils an einen Baum. Diese besonderen Fänger wurden Panikkayas genannt und stammten aus einem muslimischen Stamm. Eine weitere Technik war die »Bim mandu«-Methode (Bodenschlinge). Die Schlinge wurde auf einen Elefantenpfad gelegt und das andere Ende des Seils an einen Baum gebunden.

Elefanten wurden eingefangen, um in der Holzwirtschaft zu arbeiten, als Prestigeobjekt und um gezähmte Elefanten für die Tigerjagd zu haben. Außerdem wurden sie als Staatsgeschenke überreicht.

79_Was ist ein Ankus?

Der Elefantenhaken

Der Elefantenhaken, ursprünglich Ankusha genannt, ein gespitzter Stock mit einem spitz zulaufenden Haken, war ein traditionelles Werkzeug, um Elefanten zu führen. Er ist tief verwurzelt in den hinduistischen Überlieferungen und Legenden. Der Ankusha ist so lange in Gebrauch, wie Elefanten durch Menschenhand gezähmt werden, circa 4.000 Jahre. In Indien und Sri Lanka bevorzugen die Mahuts den längeren Haken von zwei bis drei Metern, während die Mahuts in Thailand und Myanmar einen kürzeren Haken benutzen.

Das Wissen, wie der Elefantenhaken zu gebrauchen ist, wird von Generation zu Generation, von Vater zu Sohn, weitergegeben. Am Körper eines Elefanten gibt es viele empfindliche Punkte (siehe Kapitel 63). In Indien heißen sie *Marmams* und in Sri Lanka *Nila*. Viele Mahuts zeigen die unterschiedlichen Techniken und die empfindlichen Stellen am Elefantenkörper nicht irgendeinem Fremden.

Es ist erstaunlich, dass vor so vielen Jahrtausenden der Mensch herausgefunden hat, wie er einen Elefanten dazu bringen kann, sich hinzuknien, ein Bein oder den Rüssel zu heben oder sich hinzulegen. Man muss dazu nur auf einen dieser empfindlichen Punkte leicht drücken, und der Elefant folgt sofort dem Kommando. Hat der Elefant den Befehl einmal gelernt, reicht es, mit dem Haken auf den bestimmten Punkt zu zeigen, und das Tier reagiert unmittelbar. In Indien gebrauchen die Mahuts den Haken, um die Elefanten an einem bestimmten Ort für kurze Zeit zu »parken«. Dazu wird der Haken hinter dem Ohr platziert, und der Elefant darf sich nur so viel bewegen, dass der Haken nicht hinunterfällt. Während der religiösen Prozessionen in Indien und Sri Lanka tragen die Mahuts einen farbenfrohen, mit Edelsteinen verzierten Zeremonienhaken.

Wer sich um Elefanten kümmert, sollte eine gute Beziehung zu seinen Tieren haben. Nur dann kann er mit ihnen auch ohne Haken im Vollkontakt arbeiten.

80_Elefanten im Sport

Fußball, Polo, Laufen

Seit 1982 gibt es die World Elephant Polo Association (WEPA), das ist kein Witz. Dieser in Nepal ansässige internationale Verband organisiert Turniere in Nepal, Sri Lanka und Thailand, allerdings mit Spielern auch aus Großbritannien, Australien und der Schweiz. Jedes Jahr im November und Dezember finden die Weltmeisterschafts-Turniere in Nepal statt. Im Vergleich zum Pferde-Polo sind die Spielphasen kürzer, die Spielstöcke natürlich länger und das Spielfeld kleiner. Auf jedem Elefant sitzen der Mahut, der das Tier lenkt, und der Spieler, der den Ball schlägt. Zur zweiten Spielphase werden die Elefanten ausgetauscht, und nach jedem Spiel werden die Tiere mit Kraftfutter, das aus Zuckerrohr oder Melasse, Salz und Reis besteht, gestärkt. Wasser gibt es nach Belieben, um die Tiere fit zu halten.

Noch viel bekannter ist das zehntägige Elefantenfestival in Surin in Thailand, das zu Ehren des Nationaltiers gefeiert wird. In einem Dorf in der Nähe von Surin lebt eine Minderheit der ethnischen Gruppe der Suay. Die Männer dieses Volkes fangen seit Jahrhunderten wilde Elefanten, um sie zu zähmen und als Kriegselefanten oder Arbeitstiere auszubilden. Heute allerdings verdienen diese Tiere im Tourismus ihr Geld. Bei dem Festival präsentieren etwa 100 Elefanten, was sie gelernt haben. Sie transportieren Baumstämme, spielen Fußball und zeigen ihr Können beim Stafettenlauf.

Auch in Vietnam findet alljährlich ein Elefantenrennen statt, an dem 15 bis 18 Tiere teilnehmen. Im Jahr 2000 fand in Berlin ein kontrovers diskutiertes Elefantenrennen zum 50. Jahrestag der Republik Indien statt. Zwölf Zirkuselefanten nahmen an diesem »Spektakel« teil. Dabei zeigte sich, dass sich auch Afrikanische Elefanten dafür eignen, jedoch gewann die asiatische Elefantenkuh Conny das Rennen.

Elefanten spielen also bis heute nicht nur als Arbeitstiere, Tempelelefanten oder Kriegselefanten eine Rolle in der Gesellschaft.

81 On the road

Elefanten unterwegs

Schon seit der Antike, bei den Römern, wurden Elefanten in zirzensischen Darbietungen zur Schau gestellt. Den Anfang machten 275 vor Christus vier Kriegselefanten, die als Kriegsbeute den Triumphzug der heimkehrenden Sieger bereicherten. Später mussten Elefanten, nicht immer ohne Proteste der Zuschauer, in den Arenen gegeneinander, gegen Raubkatzen oder zum Beispiel gegen Kriegsgefangene antreten. Die Römer wussten um die Intelligenz der grauen Riesen und errichteten Dressurschulen, in denen den Elefanten allerlei »Kunststücke« beigebracht wurden.

Der Weg zu den ersten Wanderschaustellern führte über die Menagerien der Königs- und Kaiserhöfe. In Russland, wo die Zarenfamilie eine Menagerie unterhielt, wurden bereits im 17. Jahrhundert gezähmte Elefanten gezeigt.

Allerdings war der Elefant noch bis zum Beginn des 19. Jahrhunderts in Europa eher eine Seltenheit und wurde hauptsächlich als Anschauungsobjekt oder Reittier eingesetzt. Von Anfang des 16. bis Mitte des 19. Jahrhunderts gab es angeblich nur 50 Elefanten in Europas Menagerien. Seit Mitte des 19. Jahrhunderts wurden die Elefanten zum weltweiten »Exportschlager«. In Europa und Amerika entstanden überall Zirkusunternehmen, die die Gier des Publikums nach Sensationen mit immer spannenderen Darbietungen befriedigen wollten. Elefanten waren nicht mehr nur Anschauungsobjekte, sondern mussten immer mehr Kunststücke zeigen, auch solche, die nicht ihrem Naturell entsprachen.

Die Haltungsbedingungen waren nicht immer artgerecht, vor allem für Bullen. Diese wurden während der Musth (siehe Kapitel 23) oft wochen- bis monatelang in Ketten gelegt, sodass sie sich kaum bewegen konnten. Dass es auch anders geht, bewies unter anderem der Schweizer Zirkus »Knie«. Er bot seinen Tieren während der Tournee geräumige Zeltställe und Freigehege. Heute leben deren Tiere in »Knies Kinderzoo« in Rapperswil, Schweiz.

82 _ Hoch hinaus

Ein Elefant in der Schwebebahn

Müssen Elefanten transportiert werden, so ist dies immer eine aufwendige und sehr besondere Angelegenheit. Zoologische Gärten und Zirkusse greifen dabei auf spezielle Fachleute, Transportkisten oder Fahrzeuge zurück. Die Tiere wurden und werden per Lastkraftwagen, Eisenbahn, Schiff oder Flugzeug von A nach B gebracht. Zoos suchen heute meist den schnellsten Weg des Transports. Umsicht ist hier gefragt, und so werden die Tiere oft über Wochen, wenn es sein muss Monate, an die entsprechenden Transportkisten gewöhnt.

Ein ganz besonderer Transport mit außergewöhnlichen Folgen ereignete sich 1950 in der Stadt Wuppertal. Diese ist für ihre Schwebebahn, die heute noch fährt, berühmt. Franz Althoff, der Direktor des gleichnamigen Zirkus, ließ seinen Elefanten Tuffi am 21. Juli 1950 mit der Schwebebahn fahren. Dies war weder für die Zeit noch für das Tier ungewöhnlich, hatte Althoff doch kurz zuvor mit dem gleichen Elefanten in Oberhausen eine Fahrt in der Straßenbahn zum dortigen Rathaus unternommen. So lief Zirkusmarketing nach dem Krieg. Aber bereits in Oberhausen kam es zu leichten Zwischenfällen. Nicht nur, dass der Elefant sich eine Zimmerpflanze und einen Blumenstrauß einverleibte, nein, er »pinkelte« auch noch auf den Teppich. Dazu gefiel es dem Tier in der Gondel nicht. Bis heute ist ungeklärt, ob das Schweben oder das Gedränge im Waggon schuld waren. Nach wenigen Minuten durchbrach Tuffi die Wand des Schwebebahnwagens. Sie stürzte aus rund zehn Meter Höhe in die darunter fließende Wupper. Einem Wunder gleich tat sie sich nichts, kein Bruch, lediglich leichte Abschürfungen waren das Ergebnis. Es gibt keine Bilder des Sturzes, denn alles ging sehr schnell, und alle Anwesenden, die Fotografen inbegriffen, waren so verwundert, dass vor lauter Schreck keiner ein Foto machte. (Rechts sehen Sie eine Fotomontage.) Tuffi starb viel später, im Jahr 1989, im Alter von 43 Jahren im Zirkus.

381
13

83 Hochwasser im Zoo

Geschichte aus Köln

In der Zeitschrift »Der Zoologische Garten« des Jahres 1877 schreibt Dr. Funck, ehemaliger Direktor des Kölner Zoos, über »Die Überschwemmung im Zoologischen Garten zu Cöln im Jahre 1876«: »Es war in der Nacht vom 10. auf den 11. März, gegen 3 Uhr morgens, als das Rheinwasser unverhofft mit Gewalt und überraschender Schnelligkeit in den Garten hereindrang. Zwei Tage vorher, in der Voraussicht einer Überschwemmung ... waren bereits die nöthigen Vorsichtsmassregeln getroffen worden.«

Die Zoomitarbeiter hatten die Strauße, Emus, Kasuare und Nandus aus ihrer tief gelegenen Wohnung in die Remise sowie ins Raubtierhaus gebracht. Selbst die Teichumfriedungen waren unter dem Wasser verschwunden, und die Enten, Schwäne, Gänse und Pelikane, ja sogar die Biber schwammen bunt durcheinander im Zoo umher. Sobald die ersten in Gefahr befindlichen Tiere in Sicherheit waren, wurde eine Brücke zum Elefantenhaus errichtet. Mehrere Pumpen waren im Einsatz. Dennoch drang am Montag, den 13. März Grundwasser ins Elefantenhaus ein, obgleich die Türen durch ein Meter hohe Dämme aus Sandsäcken geschützt wurden. Alles Übereilte, wie zum Beispiel der Versuch, die Elefanten aus dem Haus zu bringen, wäre höchst gefährlich gewesen. Zudem brach auch noch ein furchtbarer, man sprach von einem »noch nie erlebten« Sturm aus. Viele Dächer wurden dabei zerstört. Bei Anbruch des Tages konnte man erst das Ausmaß der Verwüstungen wahrnehmen: 496 Bäume lagen darnieder!

Nur durch den unermüdlichen Einsatz und die Fürsorge der Zootierpfleger sowie der »Chefetage« konnte Schlimmeres verhindert werden. Die Abbildung zeigt einen Afrikanischen Elefanten beim Hochwasser und Sturm 1882 im alten Elefantenhaus. Doch auch in späteren Jahren, 1888 und 1926, wurde der Kölner Zoo von Hochwasser heimgesucht. Heute schützen uns Dämme und Spundwände, die hoffentlich niemals wieder überflutet werden.

84 Pocken, Herpes & Co

Nicht gefeit gegen Krankheiten

Leider werden auch Elefanten krank. Sie können sich vertreten, etwas brechen oder an Parasiten, zum Beispiel Bandwürmern, leiden. Damit Erkrankungen ausbleiben, werden die Tiere im Zoo vorbeugend regelmäßig von einem Tierarzt untersucht, entwurmt et cetera. Gerade vor Transporten werden sie nochmals genau untersucht. Ansonsten gibt es zwei schwere bekannte Krankheiten, die Elefanten selbst im Zoo haben können – glücklicherweise selten.

In den 60er Jahren traten in den Zoos von Leipzig und Magdeburg, vor einigen Jahren auch im Kölner Zoo, die sogenannten Elefantenpocken auf. Dabei handelt es sich um eine Krankheit ähnlich den früher häufiger vorkommenden Kuhpocken, die vor allem Asiatische Elefanten befällt. Diese Virusinfektion wird meist durch Nagetiere, zum Beispiel Mäuse (*Mus musculus*), verbreitet. In fast ganz Europa sind die Nager Träger des Virus. Die Elefanten können über mit Mäusekot verunreinigtes Futter erkranken, aber auch Katzen und andere Tiere können Überträger sein. Elefanten können gegen die Krankheit durch Impfung geschützt werden. Beim erkrankten Tier sieht man Bläschen und Pusteln, meist beginnend im Maulbereich. Sind die Füße befallen, so besteht die Gefahr des Ausschuhens. Die Fußsohle kann sich ablösen, was bei so schweren Tieren gewissermaßen einem Todesurteil gleichkommt. Im Kölner Zoo haben es damals alle Tiere durch den enormen Einsatz der Pfleger überstanden.

Eine andere Erkrankung, die wir Menschen auch kennen, ist Herpes. Doch die bei Elefanten auftretende Form, EEHV (*Elephant Endotheliotropic Herpes Virus*), ist eine meist tödlich verlaufende Krankheit. Besonders schwache und junge Tiere werden befallen. Damit die Krankheit zum Beispiel durch einen Impfstoff bekämpft werden kann, arbeiten die Zoos Europas alle gemeinsam und unterstützen die medizinische Forschung mit Proben und Geldmitteln.

85 Elefant im Porzellanladen

Das Sprichwort

Sprichwörter oder Redewendungen, in denen Elefanten eine Rolle spielen, sind keine Seltenheit, weder in unserer Kultur noch in der ihrer Herkunftsländer. Wer kennt nicht Aussprüche wie »Jetzt mach doch mal aus einer Mücke keinen Elefanten«. Oder haben Sie selbst nicht schon einmal zu jemandem gesagt, dass er sich nicht »wie ein Elefant im Porzellanladen«, also plump und ungeschickt, benehmen soll? Aber wenn Sie aufmerksam dieses Buch gelesen haben, dann wissen Sie ja, dass diese Annahme ein Vorurteil ist (siehe Kapitel 17). Im Gegenteil, Elefanten sind äußerst geschickt und vorsichtig.

Mitmenschen, von denen gesagt wird, dass sie eine Elefantenhaut haben, gelten als dickfellig, mitunter teilnahmslos oder gar herzlos.

Eher positiv belegt sind Aussprüche wie »Der hat ja ein Gemüt wie ein Elefant«. Solche Menschen gelten als gutmütig und unerschütterlich. Sie haben eine »Engelsgeduld« mit ihren Mitmenschen, sie lassen sich nicht aus der Ruhe bringen.

Und sind nicht auch Elefanten gemeint, wenn man von »großen« oder »hohen Tieren« spricht? Wir im Zoo gehen regelmäßig mit solchen um, ob nun mit vier oder eben auch mit zwei Beinen.

Ein wenig bekanntes Sprichwort lautet: »Der Elefant ist ein großes Tier, aber er lässt die schwächeren neben sich gehen.« Das soll zum Ausdruck bringen, dass jemand seine Überlegenheit nicht ausspielt. Wer Elefanten kennt, der weiß, dass das passt. Die Leitkuh und die anderen leben gemeinsam mit den Jungtieren, den Kleinen. Sie kümmern sich fürsorglich um diese und beschützen sie auch, wenn es sein muss vehement.

Wenn wir jemandem »ein Gedächtnis wie ein Elefant« attestieren, meinen wir, dass er sich sogar an weit zurückliegende Dinge und Details erinnert. Dies ist keine leere Aussage, denn Elefanten merken sich wirklich viel. Dinge, die ihnen in ihrem Leben passiert sind, wie schlechte Erfahrungen mit Menschen, vergessen sie nicht.

86_Der Elefantendoktor

Dr. Vijitha Perera

Dr. Vijitha Perera studierte und promovierte an der Universität von Peradeniya auf Sri Lanka und am Royal Veterinary College in London, Großbritannien. Zusätzlich erhielt er ein Diplom in »Endangered Species Management« vom Durrell International Training Centre in Jersey. Seit Februar 1998 gehört Dr. Perera zum Sri Lanka Department of Wildlife Conservation (DWC), der Naturschutzbehörde von Sri Lanka. Als Tierarzt der Wildtierbehörde konnte er weitgehende Erfahrungen sammeln und wurde leitender Tierarzt des Elephant Transit Home (ETH) in Udawalawe, Sri Lanka. Er ist damit für alle verletzten Wildtiere auf der südlichen Hälfte der Insel in und außerhalb der Nationalparks zuständig sowie für über 50 Elefantenwaisen, die er mit seinem Team betreut, pflegt und wieder auswildert.

Dr. Perera ist ein Tierarzt mit umfangreichen Erfahrungen auf dem Gebiet des Mensch-Elefanten-Konfliktes und seiner Auswirkungen auf Sri Lanka. Sein letztes Buch »Living with wild elephants« gibt einen persönlichen Einblick in seine Arbeit am ETH und mit wilden Elefanten. Wir schätzen Dr. Perera sehr und haben durch unsere enge Zusammenarbeit viel über das Management der wilden Elefanten und den Mensch-Elefanten-Konflikt gelernt. Seit der Gründung des ETH 1995 wurden über 100 Elefanten ausgewildert, und einige der freigelassenen Kühe haben inzwischen eigene Jungtiere. Das Elephant Transit Home ist ein Waisenhaus für kranke oder verletzte Elefanten, die fast ohne menschlichen Kontakt gesund gepflegt werden. Nach ihrer Genesung schließen diese Tiere sich der großen Gruppe der Elefantenjungtiere an, die im Udawalawe-Nationalpark leben und nur zu den Milchfütterungszeiten ins ETH kommen. Mit fünf bis sieben Jahren werden die Elefanten in Kleingruppen von vier bis zehn Tieren freigelassen. Sie werden in entferntere Gegenden des Udawalawe-Nationalparks oder auch in andere Nationalparks gebracht.

87 Samenverbreitung

Warum kotet der Elefant ins Wasser?

An anderer Stelle ist bereits auf die Symbiose zwischen Elefanten und anderen Tieren eingegangen worden (siehe Kapitel 26). Auch zwischen Elefant und Pflanzen gibt es solch ein Zusammenspiel. Nach dem Verzehr von Samen und Früchten scheiden Elefanten die hartschaligen Samen, Steinkerne und Nüsschen oft weit weg von der Mutterpflanze wieder aus. Im Vergleich zu anderen Tierarten, zum Beispiel Rindern, bewegen sich Elefanten außerdem sehr viel. Ihre Nahrungsaufnahme lässt sie bis zu zehn Kilometer am Tag wandern. Wenn Elefanten Flüsse überqueren, koten sie ins Wasser. Die Kotballen schwimmen mehrere Kilometer weit, falls sie nicht von Vögeln oder Fischen auseinandergepflückt werden. In den Kotballen vorhandene Samen landen so manchmal bis zu 50 Kilometer entfernt von ihrem Ursprungsort.

Einige Pflanzen keimen sogar nur, nachdem sie den Darm passiert haben. Verdauungssäfte bereiten die Samenschale auf ihre Keimung vor. Der mit ausgeschiedene Kot dient dem Keimling häufig als Dünger. Wegen ihrer »schlechten« Verdauung sind Elefanten besser geeignet, für die Verbreitung von vielen Pflanzenarten zu sorgen, als andere Tiere, zum Beispiel Rinder, Wildschweine oder Affen.

In Asien leben nur noch circa 45.000 Elefanten in der Wildnis. Eine Folge ihres Rückgangs ist, dass einige Pflanzenarten einen Hauptsamenverbreiter verlieren. So bemerkten die Botaniker Hall und Swaine bei einer Studie in den Regenwäldern Westafrikas einen Rückgang des Makore-Baumes. Sie kamen zu dem Schluss, dass diese Tatsache auf den Mangel an Elefanten in diesem Gebiet zurückzuführen war. Auch andere Untersuchungen bestätigen die Rolle der Elefanten als Samenverbreiter und ihre damit wesentliche Bedeutung für die langfristige Erhaltung der Vielfalt der Flora.

Erwachsene Elefanten fressen in der Natur bis über 200 Kilogramm Pflanzenmaterial, und sie produzieren damit rund 100 Kilogramm Kot.

88 Schnarchen Elefanten?

Rüssel- und Mundatmung

Das Atmungssystem des Elefanten ist in vielerlei Hinsicht außergewöhnlich. Ihnen fehlt die Pleurahöhle, das heißt, der Spaltraum zwischen Wandblatt und Lungenüberzug der Pleura ist durch Bindegewebe verwachsen. Daher sind die Atembewegungen allein abhängig von der Brustmuskulatur. Bei anderen Säugetieren mit Pleurahöhle verhindert ein Unterdruck das Zusammenfallen der Lunge.

Ungefähr 70 Prozent der Atemluft wird durch den Rüssel eingeatmet, der Rest durch den Mund. Elefanten können mit ihrem Rüssel Wasser aufnehmen, ohne dabei die Luft anhalten zu müssen. Die Atemfrequenz liegt bei fünf Atemzügen pro Minute bei liegenden Individuen und doppelt so hoch bei aktiven Tieren.

In der Wildnis schlafen Elefanten nur zwei Stunden am Tag, die kürzeste Dauer aller Tiere. Kein Wunder, schließlich verbringen sie viele lange Stunden, ungefähr 16 bis 18 am Tag, mit der Futtersuche. Elefanten können stehend schlafen, manche legen sich auch hin. Allerdings schlafen die meisten erwachsenen Elefanten im Stehen, da im Liegen der Druck auf ihre Knochen und Organe nach längerer Zeit unangenehm und sogar gefährlich werden kann. Deswegen vermeidet man bei medizinischen Maßnahmen eine Vollnarkose und macht stattdessen eine stehende Narkose, bei der der Elefant so viel Betäubungsmittel bekommt, dass er behandelt werden, aber so wenig, dass er noch stehen kann. In Menschenhand schlafen Elefanten länger, vielleicht weil sie ihr Futter nicht suchen müssen und weil sie sich sicher fühlen.

Elefanten schnarchen tatsächlich, sogar ausgesprochen laut, vor allem die Jungtiere. Der Grund dafür könnte sein, dass die Kleinen hauptsächlich im Liegen schlafen. Es ist ziemlich lustig, eine schlafende Herde zu beobachten und ihr zuzuhören. Jedes Tier hat einen anderen Atemrhythmus. Wenn sie ausatmen, schwabbelt ihr Rüssel, manche schnarchen, andere ächzen.

89_Elefantenkot

Was man alles mit Mist machen kann

Notizblöcke aus Elefantendung haben die meisten sicher schon einmal gesehen. Doch warum gibt es so viele Produkte aus diesem »Abfall«?

Elefanten hinterlassen täglich etwa bis 100 Kilogramm faserreiche Kotballen. Diese eignen sich in besonderer Weise für die Papierherstellung. Seit 1997 stellt die Papiermanufaktur Maximus in Sri Lanka unterschiedliche Produkte aus Elefantendung her. Dazu wird der Kot gekocht und damit keimfrei gemacht, mit Altpapier und Wasser gemischt und so lange gerührt, bis ein kleinfaseriger Brei entstanden ist. Dieser wird je nachdem mit verschiedenen Bio-Farben vermischt und anschließend in ein Sieb geschüttet, ausgepresst, getrocknet und geglättet. Aus 50 Kilogramm Kot entstehen so ungefähr 115 einzigartige Papierbögen, die sich in ihrer Faserstruktur unterscheiden, je nachdem was und wie der Elefant gefressen hat. Fast 200 Frauen arbeiten in diesem Betrieb, der aus den Papierbögen Schachteln, Notizbücher, Grußkarten, Fotoalben und Halsketten fertigt. 90 Prozent der Produkte werden exportiert. Die Firma ist Mitglied der World Fair Trade Organization (WFTO), und das bedeutet für die Mitarbeiter einen fairen Lohn, gute Arbeitsbedingungen und Gleichbehandlung.

Weniger bekannt ist sicherlich, dass es auch Kaffee aus Elefantenkot gibt. Diese Spezialität, hergestellt von der Golden Triangle Asian Elephant Foundation aus Thailand, gehört zu den teuersten der Welt. Eine Tasse Black Ivory kostet umgerechnet 39 Euro. Doch wie wird dieser Kaffee hergestellt? Dazu werden dem Elefantenfutter Kaffeebohnen beigemischt. Für ein Kilo Kaffee müssen 33 Kilogramm Bohnen verfüttert werden. Diese werden nicht komplett verdaut und lassen sich aus dem Kot heraussammeln. Danach werden sie gereinigt und geröstet. Da die Verdauungsenzyme im Magen der Elefanten die Bitterstoffe in den Kaffeebohnen zersetzen, ist der Kaffee wohl besonders mild.

90_Der Elefant in der Kultur

Wie die Elefanten ihre Flügel verloren

In einem historischen Text über die Wissenschaft der Elefanten, der »Gaja Sastra« (660 bis 500 vor Christus), heißt es, dass die Elefanten anfangs Flügel besaßen. Also flogen sie, frei und unbeschwert wie die Wolken, umher, nur zwischendurch landeten sie, um spazieren zu gehen. Eines Tages setzte sich eine Gruppe Elefanten auf einen Ast, unter dem ein Asket mit seinen Schülern saß. Unter dem Gewicht der tonnenschweren Kolosse brach der Ast, fiel auf die Menschen, verletzte und tötete sie. Unbeeindruckt suchten sich die Elefanten einen anderen Sitzplatz. Darüber wurde der Asket so wütend, dass er die grauen Riesen verfluchte. Seit diesem Tag müssen die Elefanten am Boden bleiben und sich den Menschen unterwerfen – so die Sage.

In Asien spielt der Elefant seit über 2.500 Jahren in der Kultur eine wichtige Rolle. Er steht für Stärke, Macht und Würde der Herrscher. Bis heute wird der graue Riese verehrt und gleichgesetzt mit den Gottheiten des Hinduismus und Buddhismus. Aus diesem Grund wird der Asiatische Elefant nicht so stark gewildert wie der Afrikanische.

Fährt man durch Asien, vor allem Sri Lanka, sieht man Elefantenabbildungen und -statuen an jedem Tempel und an vielen Häusern. Oft ist der Rüssel nach oben gerichtet, denn nur so bringt der Elefant Glück. Es ist Tradition, zum Beispiel in Thailand, dass neugeborene Kinder ein Armband aus Elefantenhaar umgebunden bekommen und unter dem Kopf eines Elefanten hergetragen werden, um Glück zu finden und Unheil abzuwenden. Es ist üblich, bei Hochzeiten Stoßzähne, mit den Spitzen zueinander, neben den Altar zu stellen, bei Beerdigungen neben den Sarg. Brian Batstone hat in Sri Lanka beobachten können, dass Leute mit Zahnschmerzen ein Stück Backenzahn vom Elefanten an ihre geschwollene Backe halten, da sie glauben, dass die Schmerzen dann aufhören. Ein toter Arbeitselefant bekommt eine Beerdigung wie ein Mensch.

91_Ganesha

Der Elefantengott

Die Verehrung des Hindu-Gottes Ganesha begann bereits vor mindestens 7.000 Jahren. Die »Rig Veda«, eine der ältesten Hindu-Schriften, beginnt mit dem Aufruf und einem Gruß an Ganesha. Sein Name bedeutet »Herr aller Wesen«.

Es gibt unzählige Entstehungsgeschichten und Darstellungen dieser hinduistischen Gottheit. Die meisten Bilder zeigen einen menschlichen Körper mit einem ziemlich dicken Bauch. Auf diesem sitzt ein Elefantenkopf mit nur einem Stoßzahn. Der Elefantenkopf repräsentiert die Seele oder auch die Weisheit, der menschliche Körper steht für die irdische Existenz und den Wohlstand des Menschen. Meistens wird Ganesha mit vier Armen dargestellt. In ihnen hält er eine Waffe, ein Seil, eine Süßigkeit oder eine Lotusblüte. Neben ihm sitzt eine Ratte, die ihm als Reittier dient. Auch die Ratte gilt bei den Hindus als heilig.

Eine Version der Entstehungsgeschichte lautet, dass Parvati, eine hinduistische Muttergöttin, sich aus dem Schmutz ihres Körpers einen Jungen formte, ihn mit Wasser vom Fluss Ganges begoss und ihn dadurch zum Leben erweckte. Um ungestört baden zu können, setzte sie ihren Sohn vor die Haustür. Als ihr Ehemann Shiva heimkam, verweigerte der Junge ihm den Eintritt. Shiva wurde wütend und schlug dem Kind den Kopf ab. Als er jedoch bemerkte, dass er Parvatis Kind getötet hatte und sie dadurch sehr traurig wurde, befahl er seinen Dienern, ihm den Kopf des erstbesten Geschöpfes zu bringen, das sie finden würden. Die Diener fanden einen schlafenden Elefanten, schlugen diesem den Kopf ab, brachten ihn zu Shiva, der ihn dann auf den Körper von Ganesha setzte. Damit wurde Ganesha wieder zum Leben erweckt und außerdem zum Sohne Parvatis und Shivas. Alle drei zusammen verkörpern das Idealbild einer Hindufamilie.

In der indischen Bevölkerung erfreut sich Ganesha bis heute größter Beliebtheit, man kann ihn zu den bedeutendsten Hindu-Gottheiten zählen.

this token of love is presented to the Zoo of
Thapa & Family
Honorary Consul Ram Pratap

92 Einsatz im Krieg

Armee-Elefanten

Bereits seit 2.400 Jahren werden Elefanten im Krieg eingesetzt. Als Erstes wahrscheinlich in Indien. Den friedlichen Tieren wurde in brutaler Weise beigebracht, Menschen zu zertrampeln, mit den Stoßzähnen zu durchbohren und mit dem Rüssel zu erschlagen. Allerdings ergreift ein verwundeter oder verängstigter Elefant panisch die Flucht und trampelt dabei Freund wie Feind gleichermaßen zu Tode. Daher wurden Elefanten immer weniger an der Front eingesetzt. Heute transportieren sie Menschen und Lasten durch Gelände, in denen Maschinen zu schwer sind.

Elefanten eignen sich nicht nur als Reittier, sondern sie dienen gleichzeitig dazu, Hindernisse wie hohe Wälle oder Mauern einzureißen und zu überwinden. Ein Elefant konnte von Fuß- und Reitsoldaten auf Pferden kaum angegriffen werden. Er hielt Verletzungen durch Lanzen, Schwerter oder Pfeile länger stand als Mensch oder Pferd. Elefanten können in jedem Terrain eingesetzt werden. Sie marschieren durch befestigte Siedlungen, aber auch durch Wälder, Steppen und können Flüsse problemlos überwinden.

Obwohl Elefanten als unbesiegbar galten, sind Elefantenrüstungen des 16. und 18. Jahrhunderts aus Indien erhalten. Sie bestehen aus Metallplatten oder eisenverstärktem Bast- und Ledergewebe und wiegen 118 und 159 Kilogramm. Der Stirnpanzer allein wiegt 27 Kilogramm.

Selbst im Zweiten Weltkrieg setzten die Alliierten Elefanten ein. Sie dienten natürlich nicht mehr als Kampfmaschinen, sondern zogen Flugzeuge in Startposition und halfen beim Brückenbau, zum Beispiel an der berühmten Brücke am Kwai in Thailand. 25 Jahre später benutzten die Khmersoldaten in Kambodscha bei ihren Aufklärungspatrouillen die Elefanten als Reittiere. Von oben hatten sie einen guten Überblick und hinterließen im Dschungel keine Spuren. Und den nötigen »Treibstoff« konnten die Tiere während des Ritts links und rechts zu Genüge finden.

93_Arbeitslosigkeit droht

Arbeitselefanten

Zu Beginn des letzten Jahrhunderts hatten Arbeitselefanten in Asien genug zu tun. Sie wurden vor allem in der Holzwirtschaft eingesetzt. Während der Kolonialzeit holzten Europäer Urwälder ab, um Kaffee und Tee anzubauen, vor allem in Indien und Sri Lanka. Seitdem hat sich allerdings vieles verändert. Zum einen wurde in den meisten asiatischen Ländern, in denen Elefanten arbeiten müssen, das Abholzen der Urwälder vor vielen Jahren verboten, und zum anderen übernahmen große Maschinen und Seilwinden die Arbeit der Tiere, da sie schneller sind. In Thailand zum Beispiel wurde das Abholzen 1989 verboten. Dort werden viele ehemalige Arbeitselefanten im Tourismus eingesetzt. Heute haben Elefantenbesitzer ohne geregeltes Einkommen ein Problem, für den Unterhalt ihrer Tiere aufzukommen.

In einigen asiatischen Ländern sprechen Regierungsbeamte davon, gezähmte Elefanten und ihre Mahuts einzusetzen, um wilde Elefanten in ihr natürliches Habitat zurückzutreiben, sobald sie mit den Bauern in Konflikt geraten. Zeitgleich könnten die Mahuts ein wachsames Auge auf Wilderer in den Nationalparks werfen. In Sri Lanka und Indien schätzen die Wildschutzbehörden diesen Vorschlag nicht so sehr, da gezähmte Elefanten leicht gefährliche Krankheiten, zum Beispiel Tuberkulose, an die wilde Population weitergeben können.

Thailänder und Burmesen unterhielten sehr viele Holzfällercamps und ließen ihre Elefantenkühe regelmäßig decken. Daher haben beide Länder heutzutage noch eine große Anzahl an Elefanten in Menschenhand, dies war in Sri Lanka anders. Die Zahl der in Menschenhand befindlichen Elefanten ist mit nur 175 Tieren dort im Vergleich mit anderen asiatischen Ländern sehr niedrig.

Es ist wahrscheinlich, dass die Tradition der Arbeitselefanten, die Kultur und der 4.000 Jahre alte Beruf des Mahuts langsam, aber sicher aussterben werden.

94_Langeweile oder Ehre

Tempelelefanten

Jedes Jahr wirken Elefanten bei religiösen Zeremonien mit. Millionen Menschen nehmen an den Feierlichkeiten teil, in deren Zentrum Hunderte gezähmter, kunstvoll dekorierter Elefanten um die Tempelanlagen ziehen. Viele Tempel in Sri Lanka besitzen eigene Elefanten, die seit dem Verbot der Abholzung nicht mehr in der Forstwirtschaft eingesetzt werden können. Allerdings steht der Einsatz der Tiere in den Prozessionen in starker Kritik. Die Tempel verteidigen sich mit dem Argument, dass die Elefanten an dem religiösen Kulturerbe teilnehmen müssen und dass diese Feste geschützt werden sollten.

Es gibt auch private Elefantenbesitzer, die ihre Tiere für die Festlichkeiten an die Tempel ausleihen. Je häufiger der Elefant teilnimmt, umso mehr Geld bekommt der Eigentümer, deswegen werden die Tiere sehr oft von einem Ort zum anderen verfrachtet, um an mehreren religiösen Prozessionen hintereinander teilzunehmen. Dadurch fehlen ihnen meist ihr tägliches Bad sowie ausreichende Fress- und Trinkzeiten.

In Kerala, in Südindien, gibt es das Thrissur Pooram Festival, das 36 Stunden durchgehend dauert. Während dieser Prozession gehen die Elefanten ungeschützt durch die brennend heiße Sonne auf heißem Asphalt, und die Zuschauer am Straßenrand füttern sie mit Süßigkeiten und Obst. Sie glauben, dass es Glück bringt, ein so heiliges Tier zu füttern. Dieses nicht artgerechte Futter führt mitunter zu Magenproblemen.

Elefanten können 14-mal besser hören als der Mensch. Während der jährlichen Festlichkeiten schießen die Leute nachts Raketen und Knallfrösche in den Himmel. Diese Geräusche sind sehr laut, was für die Elefanten dauerhaft sicher nicht förderlich ist. Einige Elefantenbesitzer sagen, dass die Teilnahme an Prozessionen für die Tiere eine willkommene Abwechslung darstellt. Das ganze restliche Jahr stehen sie angekettet an einer Stelle und haben nichts zu tun.

95 Perahera – schon mal gehört?

Prozession in Kandy

Esala Perahera, das »Fest des Zahns des Buddhas«, ist eines der wohl ältesten buddhistischen Feste der Welt und wird jedes Jahr zur Zeit des Esala, des Vollmonds im Juli / August, in der alten Königsstadt Kandy in Sri Lanka gefeiert. Dieses farbenfrohe und lebendige Fest dauert zehn Tage. Begleitet wird die Parade von etwa 100 prächtig geschmückten Elefanten.

Die Esala Perahera wurde bereits im 3. Jahrhundert vor Christus gefeiert, um die Götter um Regen zu bitten. Heute allerdings dreht sich die Prozession vielmehr um die wichtigste Reliquie von Sri Lanka, den heiligen Zahn des Buddha, welcher im Kandy-Tempel verwahrt wird. Die Reliquie wurde verehrt und verweilte viele Jahrhunderte in Nordindien, bis sie schließlich wieder ihren Weg nach Sri Lanka fand. Hier wurde der Zahn des Buddhas stark bewacht und beispielsweise unter König Kirthi Sri Rajasinghe (1747 – 1781) als Privateigentum des Herrschers angesehen. König Rajasinghe entschied schließlich, dass auch das Volk das Recht erhalten solle, den Zahn im Rahmen einer Prozession zu sehen und zu verehren.

Perahera bedeutet: Parade von Musikern, Tänzern, Sängern und anderen Künstlern, die von einer großen Anzahl stoßzahntragender Elefanten begleitet wird. Die Esala Perahera in Kandy wird auch von den Hinduisten gefeiert. Sie begleiten die Perahera nicht nur als Zuschauer, sondern nehmen aktiv daran teil, um zum einen die heilige Zahnreliquie, zum anderen die vier schützenden Hindugötter Natha, Vishnu, Kataragama und Pattini zu ehren.

Es ist Teil des Ritus, das die heilige Zahnreliquie von dem heiligen Elefanten Raja, der jedes Jahr mit einem neuen Gewand geschmückt wird, um den Tempel herumgetragen wird. Jeder Zuschauer muss sich erheben, wenn Raja vorbeigeht, und weiße Tücher werden vor ihm ausgebreitet, sodass seine Füße den Boden nicht berühren müssen.

96_Heilige Rüsseltiere

Der Elefant in der Religion

Der Glaube an den heiligen weißen Elefanten ist über 2.500 Jahre alt. In der Region um Kapilvastu am Fuße des Himalayas lebten König Suddhodana und Königin Maya. Sie waren kinderlos, und deshalb war die Königin sehr unglücklich. Eines Tages träumte sie, dass ein weißer Elefant mit einer Lotusblüte zu ihr kam und ihren Bauch berührte. Kurz darauf bemerkte Königin Maya, dass sie mit Prinz Siddhartha Gautama, der später als Buddha bekannt wurde, schwanger war. Es gibt mehrere Versionen dieser Geschichte, aber die Geburt Buddhas ist auf jeden Fall mit einem Elefanten verbunden. Daher gilt der weiße Elefant heute in allen buddhistischen Ländern als heilig. Um dies zu symbolisieren, stehen in Asien an der Außenfassade und am Eingang der meisten buddhistischen Tempel Statuen von Elefanten.

Als erste Länder haben Thailand und Myanmar den weißen Elefanten als heilig tituliert. Als die Könige dieser Länder dann von weißen Elefanten in den Dschungeln hörten, sandten sie Soldaten und Elefantenfänger aus, um die Tiere zu fangen und zu den jeweiligen Palästen zu bringen. Die Diener der Könige tanzten, sangen und spielten Musik, um die weißen Elefanten zu unterhalten. Die Untertanen kamen mit Blumen und anderen Opfergaben, und natürlich bekamen die heiligen Tiere das beste Essen. Und sogar die Könige dieser Länder durften nicht auf ihrem Rücken sitzen.

In Thailand gelten weiße Elefanten bis heute als ein Zeichen von Reinheit und sind das heilige Symbol der königlichen Macht. Das Königshaus besitzt immer noch über zehn Exemplare.

Nicht nur in der buddhistischen Religion, sondern auch im Hinduismus spielt der weiße Elefant eine große Rolle: Airavata ist in der hinduistischen Mythologie ein heiliger weißer Elefant, der erste aller Elefanten und das Reittier des Schöpfergottes Indra. Im indischen Kulturkreis gelten Airavata und seine Nachkommen als Glückssymbol und Regenbringer.

97_Kasten

Elefanten-Hierarchie

Elefanten sind seit Menschengedenken Teil der Folklore und religiösen Mythologie in Asien. Sie werden als die intelligentesten und stärksten Tiere respektiert. Vor allem in Indien und Sri Lanka wird ein Elefant als gut aussehend bezeichnet, wenn er bestimmte Voraussetzungen erfüllt. Die historische sri-lankische Elefantenkunde ist verbunden mit der Mythologie und teilt die Elefanten in zehn verschiedene Kasten ein.

Die höchste Kaste der Elefanten, die Chaddanta, zeigt vornehme Eigenschaften wie goldenes Haar, das den Körper bedeckt, sowie Nägel, die wie der Mond geformt sind. Diese Elefanten bringen ihrem Besitzer Ehre und Ruhm. Sie besitzen ein ehrwürdiges Aussehen, der Kopf ist erhoben und der Rücken niedrig. Der Rüssel sollte lang sein und den Boden berühren. Der Stirnwulst muss erhoben, breit und herausstehend sein. Die Augen sind klar und haben die Farbe von Honig. Der Schwanz berührt die Knöchel, darf aber nicht so lang sein, dass er den Boden berührt.

Elefanten der niederen Kasten zeigen unangenehme Charaktereigenschaften und werden mit Tod und Zerstörung in Verbindung gebracht.

Die Elefanten der Kalavaka-Kule-Kaste haben eine schwarze Farbe, Augen so rund wie die einer Krähe und sind bräunlich gefärbt. Der Kopf ist gerundet und sitzt am Körper in einer aufgerichteten Position. Die Ohren sind weich, die Lippen wie der Schnabel einer Krähe, die Glieder kurz und Schwanz und Nägel gerundet. Diese Elefanten gelten als stark, aber faul. Von Natur aus sind sie rachsüchtig. Sie bringen Unglück über ihre Besitzer.

Normalerweise haben Asiatische Elefanten 18 Zehennägel, fünf an jedem Vorderfuß und vier an jedem Hinterfuß. Selten haben einige 20 Zehennägel, was als sehr glückverheißend angesehen wird.

Alle Elefanten, die die Reliquien von Buddha am Kandy-Tempel tragen, sind »Rajas« (Könige) der Chaddanta-Kaste.

98 Kandula

Der Elefant des Königs

Zu Beginn des 2. Jahrhunderts vor Christus wurde ein Prinz geboren mit allen glückverheißenden Eigenschaften. Er wurde Prinz Gamini genannt. Zum Zeitpunkt seiner Geburt kam ein Elefant von der hohen Kaste der Chaddanta, von heiliger und nobler Abstammung, an den Palast. Die Ankunft des Elefanten und seine hohe Kaste wurden als Hinweise auf die Bedeutung des Prinzen gedeutet. Der Elefant hieß Kandula. Er und der Prinz Gamini wuchsen zusammen auf.

Im Erwachsenenalter widersetzte sich Prinz Gamini den Wünschen seines Vaters, mit den benachbarten Monarchen in Frieden zusammenzuleben. In der Folge wurde der Prinz »Dutugemunu«, der »sture Gamini«, genannt. Nach seines Vaters Tod erfüllte Dutugemunu seine Sehnsucht, der buddhistischen Lehre Ruhm zu verschaffen. Um dies zu erreichen, erklärte er dem tamilischen König Elara den Krieg. Viele Kämpfe folgten. Es ist schriftlich festgehalten, dass der Elefant Kandula, als er Stadttore und -mauern angriff, heftigen Mut zeigte. In der Gegend von Vijitanagara wurde Kandula schwer verwundet. Mit brennendem Rücken durch geschmolzenes Blei suchte er Erleichterung in den kühlenden Wassern eines Teiches. Seine Wunden wurden behandelt. Es heißt, dass der König zu seinem Elefanten sprach: »Dir, liebem Kandula, gebe ich die Herrschaft über die ganze Insel von Lanka.«

Kurze Zeit später ging die Schlacht weiter. Die beiden Könige standen einander gegenüber, jeder auf seinem Elefanten. König Elara auf Mahapabbata und König Dutugemunu auf Kandula. Als Kandula Mahapabbata mit seinen Stoßzähnen verletzte, erstach König Dutugemunu König Elara mit seinem Speer. Beide, König und Elefant, fielen und starben. König Dutugemunu triumphierte in seinem Siegeszug und erklärte sich zum König von Lanka.

An die Erfolge Kandulas wird sich heute noch erinnert. In der heiligen Stadt Kataragama wurde ein besonderer Schrein zu seinen Ehren errichtet.

99_Dresscode

Ceremonial

Bei den großen Elefantenparaden in Sri Lanka wird besonders viel Wert auf die Ausstattung der Tiere gelegt. Brian Batstone traf bei seinen vielen Reisen nach Sri Lanka auf verschiedene Personen, die ihm von den Vorbereitungen für diese Feste berichteten. Die Mahuts erzählten, dass entgegen aller Annahmen die Elefanten spüren, dass eine Perahera etwas Besonderes ist. Die Elefanten helfen ihren Pflegern, das Gewand anzuziehen, und sie halten still. Nachdem sie fertig angezogen sind, so erzählen die Mahuts, haben die Tiere einen anderen Gang, den Kopf halten sie hoch, und sie gehen mit mehr Würde, so als ob sie wüssten, dass sie eine spezielle Aufgabe haben.

Aber wer stellt eigentlich das Gewand für die Elefanten her? Früher haben Frauen aus dem Herkunftsdorf des Tieres ihre Saris, das traditionelle Frauengewand in Indien und Sri Lanka, zusammengenäht und dieses Stück Stoff den Elefanten über den Rücken gelegt. Heutzutage werden mehrere Schneider beschäftigt. Manche offiziell, wie zum Beispiel Kishinchand Chadiram Thadhani, der schon über 2.500 Gewänder genäht hat, und andere auf eigene Kosten. Diese inoffiziellen Schneider schenken ihre Kunststücke den Tempeln und sehen es als Opfergabe. Jedes Gewand ist ein paillettenbesetztes Einzelstück, das Körper, Rüssel und Ohren bedeckt und aus 27 bis 30 Meter Stoff besteht. Thadhani macht die Arbeit, wie er selbst sagt, als Künstler, nicht als Schneider, seit über 50 Jahren. Da jedes Gewand in reiner Handarbeit hergestellt wird, braucht Thadhani inzwischen 50 Näherinnen, um 35 bis 40 Gewänder pro Jahr zu fertigen. Die bunten Tücher werden mit traditionellen Motiven wie der Lotusblüte und Schwänen bestickt und kosten zwischen 350 und 900 Euro. Bei diesen hohen Preisen ist es kein Wunder, dass es auf einigen Gewändern keine weisen Worte Buddhas zu lesen gibt, sondern plakative Werbesprüche einer Bank zum Beispiel.

100_Elefanten im Altersheim

Mrs. Samarasinghe

Warum braucht es Altersheime für Elefanten? Ganz einfach, in Asien lässt zum einen der Bedarf an Arbeitselefanten nach, und zum anderen werden sie ab einem gewissen Alter nicht mehr eingesetzt. Was also tun mit diesen Tieren?

In Sri Lanka zum Beispiel gibt es seit August 1999 die Millennium Elephant Foundation (MEF), eine Wohltätigkeitsorganisation, die sich unter anderem um ehemalige Arbeitselefanten kümmert und sich dafür einsetzt, die Arbeitssituation für Elefanten zu verbessern. Die MEF wurde von Mrs. Carminie Samarasinghe in Gedenken an ihren Ehemann Sam Samarasinghe gegründet und bietet Pflege und medizinische Versorgung für ältere Elefanten. Außerdem hat sie eine mobile veterinärmedizinische Abteilung, die auf Abruf Arbeitselefanten im ganzen Land medizinisch versorgt. Die Millennium Elephant Foundation ist eine Nichtregierungsorganisation, die allein von den Einnahmen der Volontäre und des Tourismus finanziert wird. So können Touristen vor Ort Elefanten ganz nah erleben. Es gibt zwar inzwischen nicht mehr die Möglichkeit, auf dem Rücken der Tiere zu reiten, aber es werden sogenannte »elephant walks« angeboten, geführte Spaziergänge, begleitet von einem Elefanten und seinem Mahut. Danach können die Touristen das Tier zum Baden am Fluss begleiten und auch selbst Hand anlegen und mit einer Kokosnussschale die Haut abschrubben.

Auch in Europa finden sich einige Zoos, die sich auf die Haltung älterer Zoo- und Zirkuselefanten spezialisiert haben. Im Masterplan für den Zoo Karlsruhe ist die Altersresidenz für asiatische Elefantenkühe als Tierschutzprojekt verankert – gedacht für nicht mehr reisende Zirkus-Elefanten oder für nicht in einem Familienverband lebende alte Elefantenkühe aus Zoos. Sowohl bei der Ausstattung der Gehege als auch bei der täglichen Beschäftigung wird besonders auf die Bedürfnisse der vier älteren Tiere geachtet. Der Umgang mit diesen »Alten« erfordert viel Erfahrung.

101 Lehrer der Mahuts

Mr. K.D. Sumanabanda

Brian Batstone traf K.D. Sumanabanda erstmals im Elefantenwaisenhaus Pinnawala in Sri Lanka im Jahr 1975. Er hatte viel von diesem legendären Mahut gehört und dachte, als Tierpfleger aus dem Kölner Zoo könne es hilfreich sein, von ihm zu lernen. In Pinnawala lebten damals ungefähr 20 Elefanten. Mit unbekannten Elefanten im engsten Kontakt zu arbeiten, bedeutet natürlich ein gewisses Risiko. Batstone musste sich eine Sondererlaubnis bei Bradley Fernando, Zoodirektor im Dehiwala Zoo in Colombo, einholen.

Sumanabanda war der leitende Mahut im Waisenhaus und wurde von allen anderen respektiert. In seinem Garten stand ein Elefantenbulle, der an einem riesigen Baum festgebunden war. Man begrüßte sich auf typisch sri-lankische Weise, beide Hände aneinandergelegt und mit dem Ausspruch »Ayubowan«. Man sprach singhalesisch, denn damals sprach Sumanabanda noch kein Englisch, heute jedoch sogar ein paar Wörter Deutsch.

Sumanabanda führte Batstone durch seinen Garten. Auf die Frage, ob die vielen Steine von Elefanten hierher gebracht worden wären, antwortete Sumanabanda, dass sein ganzes Haus von Elefanten gebaut worden sei. Wenig später lud er Batstone in sein Haus ein, Tee zu trinken. Dort fand sich viel Dekoration mit Elefantenbezug, zum Beispiel Glocken, Haken und Elefantenweisheiten, auf Blätter geschrieben.

Sumanabanda stammt aus einer Familie von Mahuts, schon sein Großvater und Vater übten diesen Beruf aus. Er selbst begann im Alter von zehn Jahren, mit Elefanten zu arbeiten, und hat sich seitdem zu einem sehr erfahrenen und angesehenen Mahut hochgearbeitet. Seine älteste Tochter Chandani überraschte ihren Vater mit dem Wunsch, die erste weibliche Elefantenführerin zu werden, und überzeugte Sumanabanda davon, sie auszubilden. Ihre Anstrengungen, in dieser reinen Männerdomäne zurechtzukommen, wurden in dem Film »Chandani und ihr Elefant« dokumentiert.

102 Elefantenschule

Trainingscamp für Tierpfleger

Elefantenschulen sind keine Schulen für Elefanten, sondern solche, wo bereits ausgebildete Zootierpfleger oder andere mit Elefanten sich beschäftigende Personen die Schulbank drücken. Obgleich ein Zootierpfleger in seiner dreijährigen Lehre bereits viel lernt, sind solche zusätzlichen Schulungen sinnvoll. Diese Elefantenschulen werden weltweit von verschiedenen zoologischen Gärten, die besondere Schwerpunkte und Erfahrung in der Haltung und Zucht von Elefanten haben, angeboten. Dazu gehört in Deutschland der Tierpark Hagenbeck mit seiner Elefanten-Management-Schule oder in Österreich der Tiergarten Schönbrunn in Wien. Die Autoren selbst haben eine solche »Schulbank« bereits »gedrückt«.

Während der Schulung, die über mehrere Tage geht, gibt es sowohl praktische Einheiten vor Ort mit den Elefanten, aber auch Dozenten, die ausgesprochene und anerkannte Fachleute für Dickhäuter sind und zu speziellen Themen referieren. Zootierpfleger, Tierärzte, Kuratoren, Freiland- und andere Forscher lehren intensiv und geben ihr Wissen über Elefanten weiter. Es geht um den artgerechten Umgang mit den grauen Riesen. Dazu gehört auch ein Komplettprogramm zur Haltung, Ernährung und tierärztlichen Versorgung.

Einer der erfahrensten Lehrmeister ist der Elefantenkenner Alan Roocroft, der sein Handwerk einst bei Hagenbeck lernte und mit seiner Beratungsfirma Elephant Business international tätig ist. Die Teilnehmer und Lektoren kommen aber aus der ganzen Welt, so unter anderem aus Großbritannien, Indien oder den USA.

Es werden auch komplexe und schwierige Themen behandelt, die nicht ganz so oft anstehen, zum Beispiel der Elefantentransport. Dieser unterscheidet sich zwar von Ort zu Ort, aber bestimmte Dinge sind immer gleich. Zuerst folgt die strategische Einweisung: Wo muss der Kran stehen, wo der Container? Wer muss was machen? Welche Gesundheitstests müssen im Vorfeld gelaufen sein et cetera.

103 Auf den Andamanen

Langstreckenschwimmer

Die Andamanen-Kette, bestehend aus 204 Inseln im Indischen Ozean, ist vor allem durch ihre schwimmenden Elefanten bekannt geworden. Dabei gab es ursprünglich auf den Andamanen keine Elefanten. Erst die Briten, die die Inseln 1789 kolonialisierten, importierten sie. Vor der Unabhängigkeit Indiens dienten die Inseln wegen ihrer Abgeschiedenheit als Sträflingskolonien. Heute leben ungefähr 300.000 Menschen auf den Andamanen. Die meisten Einwohner sind indische Einwanderer. Weniger als 500 Ureinwohner leben noch auf den Inseln. Sie zählen zu den ältesten Urvölkern der Welt.

Früher wurde auch auf den Andamanen mit Hilfe der Elefanten Holzwirtschaft betrieben, allerdings gab es auf den Inseln zu wenige Boote, und es war zudem zu teuer, die Elefanten zu ihren Arbeitsplätzen von Insel zu Insel zu bringen. So mussten die Mahuts ihren Tieren das Schwimmen durchs Meer beibringen. Natürlich lieben Elefanten das Wasser und baden gern. Aber sie haben Angst vor den Wellen und der Brandung. Deshalb mussten die Mahuts viel Überzeugungskraft anwenden, bis die Elefanten zu den wohl berühmtesten Langstreckenschwimmern der Erde wurden. Bilder von ihnen gingen um die ganze Welt.

2002 wurde der Holzeinschlag auf den Andamanen verboten. Auch das Abrichten von Elefanten zum Schwimmen ist in Indien heute verboten. Damit verloren Hunderte Arbeitselefanten ihren Job. Die meisten Tiere wurden auf das indische Festland verkauft. Bis 2016 gab es noch einen letzten berühmten schwimmenden Elefanten, Rajan. Er bekam 2004 sogar eine Filmrolle in dem Hollywoodfilm »The Fall«, da er weltweit der einzige schwimmende Elefant war. Nach den Dreharbeiten blieb Rajan auf Havelock Island und wurde zum begehrten Fotomodell vieler Touristen, die sich mit dem 2,5 Meter hohen und stoßzahntragenden Elefantenbullen ablichten lassen oder mit ihm schwimmen gehen wollten. 2016 starb »der Königliche« im Alter von 66 Jahren.

104 Wüstenelefanten

Außergewöhnlicher Lebensraum

Obgleich Afrikanische Elefanten verschiedenste Habitate bewohnen, haben sie alle eines gemeinsam: Sie brauchen genügend Wasser und Futter. Dennoch gibt es Elefanten, die sogar in Wüstengebieten leben. Die sogenannten Wüstenelefanten sind in Mali und in Namibia zu Hause. Ihr Bestand wird in Namibia auf bis zu 500 bis 600 Tiere geschätzt. Sie durchstreifen das Gebiet zwischen den Trockenflüssen Ugab und Huab im Nordwesten des Landes. Einige Tiere finden sich nahe des Hoarusib-Flusstales, andere im Bereich des Flusses Hoanib. In Mali sind sie auf die Region Gourma nahe der Stadt Timbuktu beschränkt. Ihre Population soll noch gerade einmal 400 Tiere umfassen.

Beiden Verbreitungsgebieten ist eines gemeinsam: Hier fallen jeweils weniger als 150 Millimeter Niederschlag im Jahr! Zum Vergleich, in Deutschland sind es rund 760 Millimeter Niederschlag.

Die Wüstenelefanten unterscheiden sich genetisch nicht von ihren Verwandten in anderen Teilen Afrikas, wirken aber schlanker, und ihre Fußsohlen sollen als eine Anpassung an den sandigen Untergrund breiter sein. Im Unterschied zu ihren Verwandten der Wälder und Steppengebiete haben sie gelernt, in diesem extremen Lebensraum zu überleben.

Sie leisten Außergewöhnliches, denn sie kommen bis zu drei bis vier Tage ohne Wasser aus und müssen teilweise bis zu 70 Kilometer zur nächsten Wasserstelle zurücklegen. Ihr enormes Gedächtnis und ihr ausgesprochen guter Geruchssinn lassen sie Nahrung und Wasser finden. Mitunter müssen sie sich das kühlende Nass aus dem Boden mit Hilfe der Vorderbeine freischaufeln. In der Trockenzeit scheuen sie nicht davor zurück, sich von den kargen Blättern, Zweigen und der Rinde des Kameldornbaums (*Acacia erioloba*) oder der Mopane (*Colophospermum mopane*), auch Mopani genannt, zu ernähren. Aber auch die Samen des Anabaums (*Faidherbia albida*), einem Mimosengewächs (Mimosoideae), werden nicht verschmäht.

105 Elefantenrüsselfisch & Co

Tiere, die nach Elefanten benannt sind

In der Tat gibt es einige Tiere, bei denen »Elefant« oder zumindest »Rüssel« im Namen auftaucht. Es sind dies Tiere, die, man ahnt es fast, auch einen rüsselartigen Fortsatz am Kopf haben.

Das fängt bei den Insekten mit den Rüsselkäfern (Curculionidae) an. Dabei handelt es sich um eine spezielle Familie der Käfer, die über 60.000 Arten aufweist. Diese kleinen bis großen Krabbler, die bis zu zwei Zentimeter groß werden können, besitzen ein Rostrum (Rüssel), der bei den einzelnen Arten unterschiedlich lang ist und der Nahrungsaufnahme dient.

Unter den Fischen gibt es den Elefantenrüsselfisch (*Gnathonemus petersii*). Er gehört zur Familie der Nilhechte (Mormyridae). Sie kommen nur in Afrika vor und werden bis zu 25 Zentimeter lang. Ihren Namen verdanken sie einem rüsselartigen Fortsatz am Unterkiefer. Eine Besonderheit ist, dass sie zu den schwach elektrischen Knochenfischen zählen. Die elektrischen Ströme, die sie aussenden, dienen der Orientierung, zum Nahrungserwerb sowie zur innerartlichen Verständigung.

Tatsächlich verwandt mit den Elefanten sind die Rüsselspringer. Diese leben in vielen Teilen Afrikas, wo sie unterschiedlichste Lebensräume bewohnen. Die kleinen Gesellen haben ebenfalls eine verlängerte Nase, die an den Rüssel von Elefanten oder Tapiren erinnert. Dazu gehört der Rotbraune Rüsselspringer, der gelegentlich auch als Rotbraune Elefantenspitzmaus (*Elephantulus rufescens*) bezeichnet wird, aber nicht zu den Spitzmäusen zählt. Er bewohnt trockene Waldsavannen und Buschland. Der Kölner Zoo hält und züchtet diesen hübschen Insektenfresser seit einigen Jahren. Ein weiterer Verwandter ist die Art Geflecktes Rüsselhündchen (*Rhynchocyon cirnei*). Hier täuscht der Name, es ist kein Hund, sondern eine weiterer Afrotherier (siehe Kapitel 5). Er ist Vertreter der Rüsselspringer.

106 Man fällt recht hart

Elefantengeburt

Nach rund 22 Monaten Tragzeit bringt die Elefantenkuh ihren Nachwuchs zur Welt. Es wird immer nur ein Jungtier geboren. In der Natur und zunehmend in zoologischen Gärten findet die Geburt in der Gruppe statt.

Im Zoo können wir über Hormonuntersuchungen feststellen, ob die Elefantenkuh trächtig ist. In den letzten Tagen vor der Geburt bleibt ihr Hormonspiegel auf einem hohen Stand. Zudem kann man einige Tage bis Wochen vorher beobachten, dass die Milch in die zwischen den Vorderbeinen befindlichen Brüste einschießt.

Giraffen (Giraffidae) bekommen extrem lange Jungtiere, die Vorderbeine erreichen unten schon fast den Boden, während sie oben noch in der Geburtsöffnung stecken. Auf diese Weise fallen die Kälber nicht so tief. Ähnlich haben sich auch die Elefanten etwas einfallen lassen. Ihre Geburtsöffnung liegt nicht unter dem Schwanzansatz, sondern zwischen den Hinterbeinen. So fällt das Junge nicht aus über 1,5 Meter, sondern aus 0,7 Meter Höhe auf den Boden. Zudem spreizen die meisten Elefantenkühe dazu noch die Hinterbeine.

Die Wehen setzen acht bis zehn Stunden vor der Geburt ein. Meist entwickelt sich dazu parallel eine Beule am Hinterteil der Elefanten. Der Geburtskanal selbst ist über 1,5 Meter lang. Einige Zoos trennen die Mütter zur Geburt noch ab oder binden diese gar fest. Das macht(e) man aus Sicherheitsgründen vor allem bei erstgebärenden Müttern, denn das Verhalten der Elefantenkuh nach der Geburt, wie das Treten nach dem Jungen als Aufstehhilfe oder die Kontaktaufnahme mit dem Kopf, sind auch Aggressionsverhalten. Zu entscheiden, ob dies liebevoll oder aggressiv gemeint ist, ist nicht leicht.

In Zoos wie dem Kölner Zoo überlassen wir alles den Tieren selbst. Wenn die Familie intakt ist und die Mütter gesund sind, gebären unsere Tiere in der Gruppe. Die Elefantenpfleger sagen nur kurz morgens Bescheid, dass ein weiteres Jungtier da ist.

107_Selbstheilung

Pflanzen als Heilmittel

Mahuts in Indien und Sri Lanka wissen, welche Blätter oder Baumrinden Elefanten fressen müssen, wenn sie Schmerzen oder eine Magenverstimmung haben. Sie kennen die traditionellen Heilpflanzen. Eine Reihe dieser Pflanzen gehört nicht zur täglichen Nahrung der Elefanten.

In Afrika ist beobachtet worden, dass ein hochträchtiges Elefantenweibchen Raublattgewächse fraß, obwohl diese sonst nicht auf ihrer Speisekarte stehen. Sie fraß die komplette Pflanze, bevor sie sich wieder ihrer normalen Fressroutine zuwandte. Einige Tage später brachte dieses Weibchen ein Jungtier zur Welt. Dieselbe Pflanze wird auch von den dort ansässigen Frauen eingesetzt, um die Geburt einzuleiten, und es wird vermutet, dass die Elefantenkuh denselben Effekt induzieren wollte.

George McKay, der Elefanten in Sri Lanka untersuchte, berichtete 1973, dass die Nahrung der Tiere aus mindestens 88 verschiedenen Bäumen, Sträuchern, Kletterpflanzen und Kräutern bestand. Bevor die konventionelle Medizin in den ländlichen Gegenden bekannt wurde, wussten erfahrene Mahuts, welche Pflanzen ihren Tieren helfen würden. Sie hatten ein umfassendes Wissen über einheimische Kräuter, die die Elefanten am Wegesrand fraßen. Mensch und Tier lernten voneinander. Frische Kräuter werden gehackt und mit dem Futter der Elefanten gemischt.

Trotz zahlreicher moderner Heilmittel, die benutzt werden, um die Gesundheitsvorsorge bei den Elefanten zu verbessern, bleiben die traditionellen Behandlungsmethoden bei den Mahuts populär, obgleich das großartige, meist undokumentierte Wissen über Elefantenkrankheiten kurz davor ist, in Vergessenheit zu geraten. Mit dem Verlust des Lebensraums werden Elefanten nicht mehr in der Lage sein, diese bestimmten Pflanzen zu finden.

Hier nun einige wenige Beispiele, welche Pflanzen Mahuts ihren Elefanten geben: Ingwer, Senfsaat, Nelken und Muskatnuss.

108 Vorteil für andere

Teilsymbiose

Viele Menschen verstehen nicht die lebenswichtige Rolle, die Elefanten in ihrem Ökosystem spielen. In ihrem natürlichen Lebensraum übernehmen sie eine Schlüsselrolle in der Aufrechterhaltung der Balance von allen anderen Lebewesen, die mit und um sie herum leben. Das Fressverhalten der Elefanten hilft vielen anderen Tieren und Pflanzen zu existieren. Elefanten reißen Bäume um, um an die Blätter zu kommen. Davon profitieren auch andere blattfressende Tiere. Reptilien und Insekten finden Nahrung an den zerstörten Baumresten.

Elefanten graben Wasserlöcher in ausgetrockneten Flussbetten oder Seen. Andere Tiere oder sogar die Menschen können diese Quelle ebenfalls nutzen.

Während des Fressens stoßen Elefanten mit ihren Vorderfüßen Grasklumpen aus dem Untergrund heraus und schaffen so eine Nahrungsquelle für Vögel. Außerdem fangen Vögel aufgescheuchte Insekten oder leben von Parasiten, die auf der Elefantenhaut leben. Andere Vögel picken in den Elefantenkotballen, um nach unverdauten Samen zu suchen. Aus diesen Gründen folgen viele Vogelarten den Elefanten, die auf ihrer Nahrungssuche weite Strecken zurücklegen.

Genauso finden viele Insekten in den Kotballen fressbare Teile. Der Pillendreher (*Scarabaeus sacer*) vergräbt seine Eier, aus denen später die Larven schlüpfen, direkt neben Kotballen, sodass die Larven genug zu fressen finden. In Sri Lanka leben Termiten und der Pillendreher vom Kot der Elefanten. Von diesen Insekten wiederum ernähren sich zum Beispiel der Lippenbär (*Melursus ursinus*) und das Bankivahuhn (*Gallus gallus*).

Einige Samen keimen im Kot der Elefanten. Außerdem dient der Kot als Dünger für viele Pflanzenarten. Daher haben Elefanten am Lebenszyklus vieler Pflanzen- und Tierarten einen großen Anteil. Eine gesunde Elefantenpopulation bedeutet eine gesunde Lebenswelt für viele verschiedene Lebewesen.

109 Elefantenkälber

Zwei Geschlechter – zwei verschiedene Leben

Der Platz eines Elefanten innerhalb des sozialen Geflechts wird von seinem Geschlecht bestimmt. Erwachsene Weibchen und Männchen leben ein komplett unterschiedliches Leben, wie an anderer Stelle bereits erläutert. Doch auch bei den Elefantenkälbern sind Unterschiede bereits in der Jugend auszumachen.

Die enge Verbindung in der Familiengruppe untereinander wird durch häufiges Rufen, Berüsseln und Begrüßen demonstriert. Wenn ein Jungtier geboren wird, schließt es sich sofort dem komplexen Leben einer Elefantenfamilie, der die Matriarchin vorsteht, an. Von Geburt an steht es im Mittelpunkt der Aufmerksamkeit. Und das muss so sein, da ein Neugeborenes vollkommen abhängig von seiner Mutter und den anderen Verwandten ist, zum Beispiel was Nahrung, Pflege, Zuwendung und Schutz angeht.

Die Kindheit der Kälber ist lang, und sie lernen sehr viel während dieser Lebensphase. Der Umgang untereinander ist mitunter rau. Elefantenerziehung ist nicht antiautoritär, und auch das Spiel der Jungen miteinander ist durchaus als ruppig zu bezeichnen. Junge Bullenkälber spielen mit den anderen, sie lernen Dominanz zu zeigen, indem sie sich gegenseitig drücken oder schieben. Das kann schon einmal in heftige Kämpfe ausarten, verläuft aber in der Regel letztlich ohne große Verletzungen. Hat eine Familiengruppe viele Tanten, sind die Überlebenschancen des Jungtieres deutlich größer.

Weibliche Elefantenkälber bleiben in der Familiengruppe, in die sie geboren wurden, für den Rest ihres Lebens. Die jugendlichen Weibchen werden Allomütter oder Tanten genannt, und sie spielen eine wichtige Rolle in der Aufzucht der Jungtiere. Schon früh lernen die weiblichen Jungtiere spielerisch, was es bedeutet, Mutter zu sein, Junge zu führen und zu betreuen. Dazu halten sie sich gern in der Nähe der alten Kühe auf, um all das, was sie später selbst einmal können müssen, zu lernen.

110 Können Elefanten rennen?

Fortbewegung der Elefanten

Haben Sie sich schon einmal die Zeit genommen und genau beobachtet, wie sich ein Elefant bewegt? Das Besondere an seinem Bewegungsablauf ist, dass er beim Gehen immer nur einen Fuß auf einmal vom Boden abhebt. Er setzt ihn nach vorn und tritt mit dem Fußpolster auf, rollt ab, und der nächste Schritt erfolgt, wenn er auf dem vorderen Fußballen steht, quasi rechter Hinterfuß, rechter Vorderfuß, Pause, linker Hinterfuß und linker Vorderfuß. Damit rechnen wir sie zu den Passgängern, die abwechselnd jeweils die rechten oder linken Beine bewegen. Zu den Passgängern zählen auch Giraffen und Kamele.

Lange Zeit war es strittig, ob Elefanten rennen können, denn beim Rennen müssen gleichzeitig zwei oder mehr Beine in der Luft sein. Viele Wissenschaftler dachten, dass Elefanten technisch gesehen nicht rennen, sondern selbst bei hohem Tempo ihr übliches Schrittmuster beibehalten.

Forscher, wie John R. Hutchinson von der Stanford-Universität in Kalifornien, haben die Fortbewegung von Elefanten studiert. Sie kommen zu dem Schluss, dass Elefanten sehr wohl rennen können. Dazu wurden die Tiere farblich markiert und fast 200 Sprints von über 40 Elefanten untersucht. Mit Hilfe von Lichtschranken und Videokameras wurden Erkenntnisse gesammelt und ausgewertet. Sie können über 25 Kilometer in der Stunde schnell sein. Die Geschwindigkeit ist abhängig vom individuellen Fitnessstatus sowie dem Gewicht.

Die Elefanten benutzen einen Trick. Sind ihre Beine beim normalen Gehen relativ steif, so werden sie beim Laufen offenbar stärker angewinkelt. Das führt zu einer leichteren Bewegung. Zudem konnte man beobachten, dass der Körperschwerpunkt der Tiere sich verändert. Im normalen Gehen schwingt der Körperschwerpunkt vor und zurück. Beim Rennen hingegen bewegt sich dieser auf und ab, hüpft quasi. Auch das ist aus biomechanischer Sicht typisch für das Rennen.

111 Der Dichter und der Elefant

Der Goethe-Elefant

Ab 1773 lebte ein Asiatischer Elefant in der Menagerie des Landgrafen Friedrichs II. mitten in Deutschland, in Kassel, der Residenzstadt der Landgrafen zu Hessen-Kassel. Der kleine Elefant aus Indien war ein Hochzeitsgeschenk des Hauses Oranien an Friedrich II.

Wir wissen so einiges, aber der Name des Tieres ist nicht überliefert. Der Elefant wurde in einem Saal in einem eigenen Haus gehalten. Bei schönem Wetter ging man mit ihm spazieren.

Das Tier soll 1771 in Indien geboren worden sein. Elefantenhaltung war für die damalige Zeit ungewöhnlich und teuer. Es wird berichtet, dass der Unterhalt des Gebäudes und der Pfleger jährlich etwa 500 Goldtaler kostete. Daher wurde der Elefant zur Arbeit eingesetzt, er musste Baumstämme schleppen und zog bei Paraden des Hoftheaters einen Wagen. Das Tier kam 1780 bei einem Unfall in der Karlsaue ums Leben. Genauer gesagt stürzte es nach einem Festzug auf der Bühne des Hoftheaters den Auehang unglücklich hinunter. Der Elefant brach sich den Schädel und verstarb letztlich daran. Der Naturwissenschaftler Samuel Thomas von Soemmerring kümmerte sich um den toten Elefanten. Die Haut wurde gegerbt und letztlich über ein Modell gestülpt, eines der ersten ausgestopften Elefantenpräparate. Und, außergewöhnlich für die damalige Zeit, die Knochen wurden mit Hilfe von Draht und Holz in ihrer natürlichen Anordnung fixiert. Vielleicht war das gar das erste Großtierskelett.

Der Dichter Johann Wolfgang von Goethe war auch naturwissenschaftlich sehr interessiert. Er lieh sich den Schädel des genannten Elefanten 1784 für anatomische Studien aus. Er untersuchte diesen auf vom Menschen bekannte Zwischenkieferknochen. Seither wird das Kasseler Elefantenskelett als »Goethe-Elefant« geführt. Noch heute befindet sich das Skelett dieses Tieres im naturkundlichen Museum Ottoneum in Kassel.

Bernd Imgrund,
Britta Schmitz
111 Kölner Orte, die man gesehen haben muss
Band 1
ISBN 978-3-89705-618-3

Bernd Imgrund,
Britta Schmitz
111 Kölner Orte, die man gesehen haben muss
Band 2
ISBN 978-3-89705-695-4

Bernd Imgrund,
Nina Osmers
111 Orte im Kölner Umland, die man gesehen haben muss
ISBN 978-3-89705-777-7

Peter Eickhoff
111 Düsseldorfer Orte, die man gesehen haben muss
ISBN 978-3-89705-699-2

Ralf Koss, Stefanie Kuhne
111 Orte im Bergischen Land, die man gesehen haben muss
ISBN 978-3-95451-027-6

Peter Eickhoff
111 Orte am Niederrhein, die man gesehen haben muss
ISBN 978-3-89705-815-6

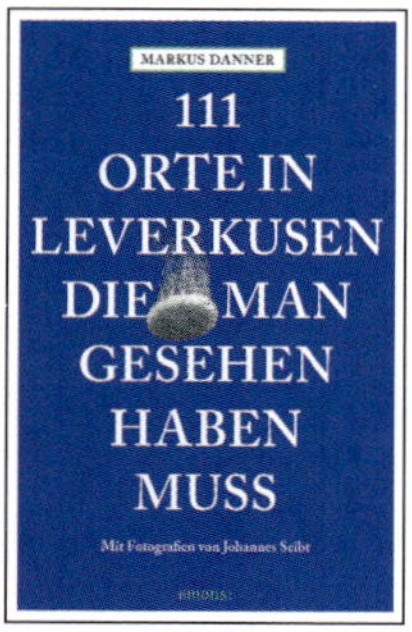

Markus Danner,
Johannes Seibt
111 Orte in Leverkusen, die man gesehen haben muss
ISBN 978-3-95451-849-4

Eckhard Heck
111 Orte in Bonn, die man gesehen haben muss
ISBN 978-3-95451-212-6

Bernd Imgrund
111 Orte in der Eifel, die man gesehen haben muss
ISBN 978-3-95451-003-0

Alexander Barth,
Eckhard Heck
111 Orte in Aachen und der Euregio, die man gesehen haben muss
ISBN 978-3-89705-931-3

Fabian Pasalk
111 Orte im Ruhrgebiet, die man gesehen haben muss
ISBN 978-3-89705-814-9

Fabian Pasalk
111 Orte im Ruhrgebiet, die man gesehen haben muss,
Band 2
ISBN 978-3-95451-223-2

Ralf Koss, Stefanie Kuhne
111 Orte im Ruhrgebiet, die uns Geschichte erzählen
ISBN 978-3-95451-415-1

Dorothee Fleischmann
111 Orte im Taunus, die man gesehen haben muss
ISBN 978-3-7408-0126-7

Fabian Pasalk
111 Orte in Essen, die man gesehen haben muss
ISBN 978-3-95451-924-8

Jörg Küster, Christina Kuhn,
Katrin Höller
111 Orte in Südwestfalen, die man gesehen haben muss
ISBN 978-3-89705-926-9

Paul Stänner
111 Orte im Münsterland, die man gesehen haben muss
ISBN 978-3-95451-116-7

Ursula Gilbert, Michael Klein
111 Orte im Siebengebirge, die man gesehen haben muss
ISBN 978-3-95451-921-7

Stefanie Jung
111 Orte in Rheinhessen, die man gesehen haben muss
ISBN 978-3-95451-082-5

Peter Bieg, Maximilian Staub
111 Orte in Trier, die man gesehen haben muss
ISBN 978-3-95451-848-7

Paul Stänner
111 Orte in Brandenburg, die uns Geschichte erzählen
ISBN 978-3-95451-417-5

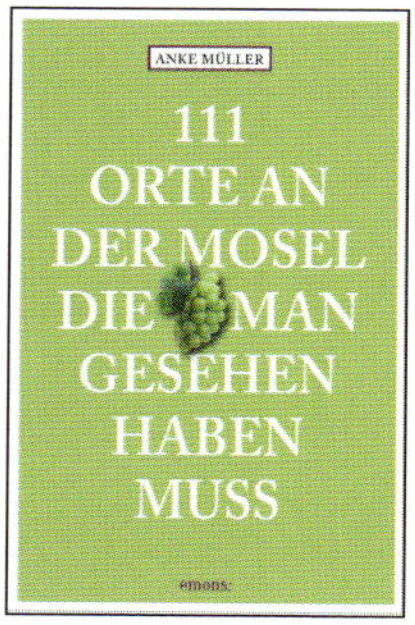

Anke Müller
111 Orte an der Mosel, die man gesehen haben muss
ISBN 978-3-95451-325-3

Christina Kuhn,
Christian Löhden
111 Orte in der Pfalz, die man gesehen haben muss
ISBN 978-3-95451-085-6

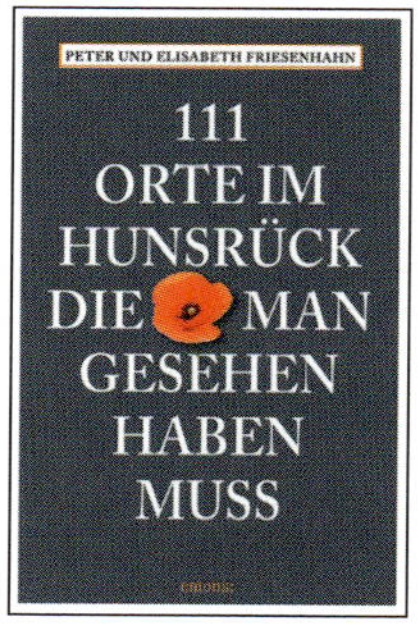

Elisabeth Friesenhahn,
Peter Friesenhahn
111 Orte im Hunsrück, die man gesehen haben muss
ISBN 978-3-95451-319-2

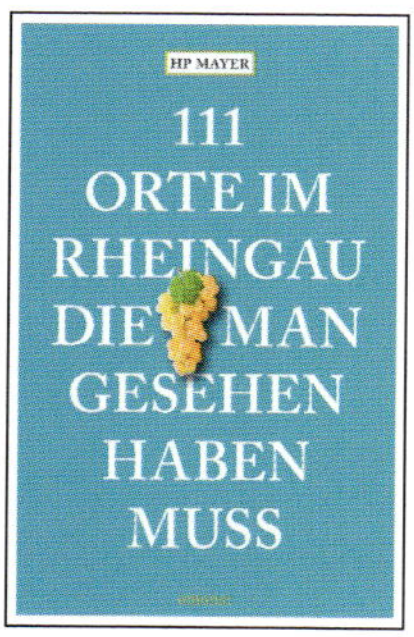

HP Mayer
111 Orte im Rheingau, die man gesehen haben muss
ISBN 978-3-95451-918-7

Kirsten Elsner-Schichor
111 Orte im Harz, die man gesehen haben muss
ISBN 978-3-7408-0121-2

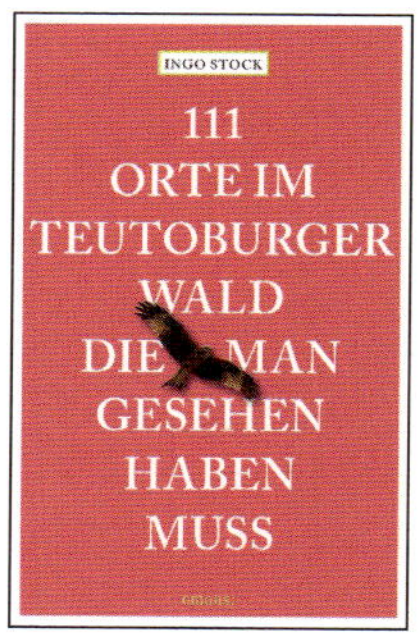

Ingo Stock
111 Orte im Teutoburger Wald, die man gesehen haben muss
ISBN 978-3-95451-859-3

Cornelia Kuhnert,
Günter Krüger
111 Orte in Hannover, die man gesehen haben muss
ISBN 978-3-95451-086-3

Cornelia Ziegler
111 Orte im Allgäu, die man gesehen haben muss
ISBN 978-3-95451-343-7

Cornelia Kuhnert,
Günter Krüger
111 Orte rund um Hannover, die man gesehen haben muss
ISBN 978-3-95451-707-7

Alexandra Schlennstedt,
Jobst Schlennstedt
111 Orte in der Lüneburger Heide, die man gesehen haben muss
ISBN 978-3-95451-844-9

Olaf Jansen
111 Kölner Fußballorte, die man gesehen haben muss
ISBN 978-3-95451-850-0

Elke Pistor
111 Katzen, die man kennen muss
ISBN 978-3-95451-830-2

Rüdiger Liedtke
111 Kölner Meisterwerke, die man gesehen haben muss
ISBN 978-3-95451-838-8

Christina Gruber,
Gerhard Schmidt,
Thomas Schildmann
111 Drehorte berühmter Filme & Serien in Nordrhein-Westfalen
ISBN 978-3-95451-928-6

Jochen Reiss
111 Orte im Fünfseenland, die man gesehen haben muss
ISBN 978-3-95451-851-7

Dietlind Castor
111 Orte am Bodensee, die man gesehen haben muss
ISBN 978-3-95451-063-4

Gertrud Steiger,
Joachim Steiger
111 Orte im Odenwald, Spessart und an der Bergstrasse, die man gesehen haben muss
ISBN 978-3-89705-945-0

Marko Roeske
111 Orte im Bayerischen Wald, die man gesehen haben muss
ISBN 978-3-95451-328-4

Ottmar Neuburger,
Lisa Graf-Riemann
111 Orte im Berchtesgadener Land, die man gesehen haben muss
ISBN 978-3-89705-961-0

Oliver Schröter
111 Orte in Sachsen, die man gesehen haben muss
ISBN 978-3-95451-021-4

Alexandra Schlennstedt,
Jobst Schlennstedt
111 Orte in Bielefeld, die man gesehen haben muss
ISBN 978-3-7408-0123-6

Bernd Franco Hoffmann,
Anton Luhr
111 Eisenbahnorte im Rheinland, die man gesehen haben muss
ISBN 978-3-7408-0344-5

Torsten Goffin,
Carsten Sebastian Henn
111 mal lecker essen in Köln
ISBN 978-3-95451-214-0

Bernd Imgrund,
Britta Schmitz
111 Kölner, die man kennen lernen sollte
ISBN 978-3-95451-322-2

Tim Frühling, Christine Frühling
111 Orte in Osthessen und in der Rhön, die man gesehen haben muss
ISBN 978-3-7408-0127-4

Ulf Annel, Juliane Annel
111 Orte in Erfurt, die man gesehen haben muss
ISBN 978-3-95451-022-1

Ulf Annel, Juliane Annel
111 Orte in und um Erfurt, die man gesehen haben muss
ISBN 978-3-95451-913-2

Ralf H. Dorweiler,
Daniela Bianca Gierok
111 Orte im Schwarzwald, die man gesehen haben muss
ISBN 978-3-89705-950-4

Marion Rapp
111 Schätze der Natur rund um den Bodensee, die man gesehen haben muss
ISBN 978-3-95451-619-3

Eva Grubmiller, Martina Neher
111 Schätze der Natur auf der Schwäbischen Alb, die man gesehen haben muss
ISBN 978-3-7408-0248-6

Katharina Sommer
111 Orte in und um Tübingen, die man gesehen haben muss
ISBN 978-3-95451-852-4

HP Mayer
111 Orte in Heidelberg, die man gesehen haben muss
ISBN 978-3-7408-0246-2

Alexandra Schlennstedt,
Jobst Schlennstedt
111 Orte in Ostwestfalen-Lippe, die man gesehen haben muss
ISBN 978-3-95451-109-9

Bildnachweis:

Kapitel 5: shutterstock.com/Jeff Stamer; Kapitel 12: shutterstock.com/Atosan; Kapitel 22 oben: WikimediaCommons/© José Luiz Bernardes Ribeiro/CC BY-SA 4.0; Kapitel 37: shutterstock.com/EMJAY SMITH; Kapitel 38: shutterstock.com/Lara Zanarini; Kapitel 39: shutterstock.com/LouieLea; Kapitel 59: shutterstock.com/Gail Palethorpe; Kapitel 62: shutterstock.com/ESUN7756; Kapitel 63: shutterstock.com/sraphotohut; Kapitel 72: shutterstock.com/worradirek; Kapitel 78 unten: mauritius images/Robert Harding; Kapitel 80: shutterstock.com/topten22photo; Kapitel 81: shutterstock.com/tipwam; Kapitel 85: shutterstock.com/Olga Zinovskaya; Kapitel 88: shutterstock.com/DimonGi; Kapitel 90: shutterstock.com/Shyamalamuralinath; Kapitel 94: shutterstock.com/Thomas Wyness; Kapitel 95: shutterstock.com/Thomas Wyness; Kapitel 96: shutterstock.com/adul24; Kapitel 99: shutterstock.com/DESIGNFACTS; Kapitel 104: shutterstock.com/sims975; Kapitel 107: shutterstock.com/thewada1976; Kapitel 111: Werner Maschmann/Naturkundemuseum im Ottoneum Kassel

Nachwort

Wie wird das ARD-Morgenmagazin, kurz MOMA, zum Paten für ein Elefantenbaby? Spontaneität, Sympathie und Neugier haben den Kölner Zoo und das vom WDR produzierte Frühstücksfernsehen des ERSTEN im März 2017 zusammengebracht. Unsere Patenschaft für den kleinen »Moma« ist ein journalistisches Projekt. Es macht darauf aufmerksam, dass Elefanten in freier Wildbahn massiv vom Aussterben bedroht sind. Gehen Wilderei und Zerstörung des Lebensraums dieser Tiere ungehindert weiter, wird es in 25 Jahren keine freilebenden Elefanten mehr geben.

Wann immer sich ein Anlass bietet, berichtet das ARD-MOMA nicht nur über das »Patenkind«, sondern über vielfältige Fragen und Probleme rund um die beeindruckenden Rüsseltiere. Morgenmagazin-Moderator Sven Lorig begleitete eine Expedition von Elefanten-Experten nach Sri Lanka zu einem Kölner Partnerprojekt des Kölner Zoos. Dort stehen die Dickhäuter unter Schutz, Waisentiere werden ausgewildert.

Elefanten sind wie das MOMA: Sie sind Frühaufsteher und Teamplayer, haben ein dickes Fell, aber viel Feingefühl. Und: Sie sind sehr neugierig, wie unsere Zuschauer am Morgen. Unser kleiner Elefant wird immer wieder Anlass bieten, nachhaltig über diese bedrohte Tierart zu berichten

Dieses gemeinsame Buch von Kölner Zoo, WDR und ARD-Morgenmagazin ist der beste Beweis dafür, dass es unendlich viel Wissenswertes über Elefanten zu erzählen gibt. Wissen hilft – auch bei der Erhaltung dieser stolzen Tierart.

Martin Hövel
Leiter ARD-Morgenmagazin

Die Autoren

Prof. Theodor B. Pagel, geboren 1961 in Duisburg, studierte Biologie, Geografie und Pädagogik. Er arbeitet seit 1991 im Kölner Zoo, zunächst als Kurator und seit 2007 als Zoodirektor. Seit 2007 ist er an der Lehre der Universität Köln in der Biologie beteiligt und unter anderem der designierte Präsident des Weltzooverbandes (WAZA). Er ist Autor zahlreicher Artikel, einiger Bücher und in vielen Gremien aktiv, so in der Artkommission für das Erhaltungszuchtprogramm Asiatischer Elefanten in Europa. Ebendiese betreut er auch als Kurator im Kölner Zoo. Regelmäßige Reisen in die Ursprungsgebiete der Elefanten, nach Afrika und Asien, haben sein Wissen über diese charismatischen Tiere erweitert.

Brian Batstone, geboren 1949 in Colombo, Sri Lanka, war über 41 Jahre Tierpfleger im Kölner Zoo. Zunächst arbeitete er bei den Menschenaffen, aber schnell zog es ihn zu seinen geliebten Elefanten. Für sie war er auch lange Jahre Reviertierpfleger im Kölner Zoo. Der Sohn eines Engländers und einer Singhalesin ist international für sein Wissen über Elefanten und deren Haltung anerkannt. Er ist maßgeblich an den Tier- und Artenschutzbemühungen des Kölner Zoos auf Sri Lanka, auch nach seiner Pensionierung, beteiligt. Immer wieder reist er in die Heimat seiner Lieblinge, der Elefanten, so vor allem nach Sri Lanka, wo er stets ein gefragter Fachmann ist und alle, die sein Wissen benötigen, teilhaben lässt.